化学分析方法验证、确认指南汇编及实例分析

王晓瑜
秦亚琼　主编
潘立宁

中国轻工业出版社

图书在版编目（CIP）数据

化学分析方法验证、确认指南汇编及实例分析/王
晓瑜，秦亚琼，潘立宁主编 . —北京：中国轻工业出版
社，2024.6

ISBN 978-7-5184-4422-9

Ⅰ.①化…　Ⅱ.①王…②秦…③潘…　Ⅲ.①分析化
学—分析方法　Ⅳ.①O652

中国国家版本馆 CIP 数据核字（2023）第 075840 号

责任编辑：刘逸飞

策划编辑：张　靓　　责任终审：滕炎福　　封面设计：锋尚设计
版式设计：砚祥志远　　责任校对：晋　洁　　责任监印：张　可

出版发行：中国轻工业出版社（北京鲁谷东街 5 号，邮编：100040）
印　　刷：三河市万龙印装有限公司
经　　销：各地新华书店
版　　次：2024 年 6 月第 1 版第 1 次印刷
开　　本：720×1000　1/16　印张：12.75
字　　数：257 千字
书　　号：ISBN 978-7-5184-4422-9　定价：68.00 元
邮购电话：010-85119873
发行电话：010-85119832　010-85119912
网　　址：http://www.chlip.com.cn
Email：club@chlip.com.cn

本书编写人员

主　　编　王晓瑜　秦亚琼　潘立宁

副 主 编　赵　阁　王　冰　余晶晶　崔华鹏
　　　　　　郭　琼

编写人员　刘瑞红　陈满堂　郭军伟　刘克建
　　　　　　刘　雨　王　昇　陈　黎　樊美娟
　　　　　　贾云桢　王　聪　蔡君兰

前言

PREFACE

  分析方法的验证、确认是建立可靠分析方法，获得稳定、准确化学数据的基础，是化学分析的一个必要程序，同时也是所有分析质量管理体系中不可分割的一部分，因此，国际标准化组织、国际纯粹与应用化学联合会、国际人用药品注册技术协调会、美国食品与药物管理局、美国分析化学家协会、美国药典委员会、国家药典委员会、国家标准化管理委员会等均发布了一些分析方法指南。然而，这些分析方法指南在检出限、定量限、标准曲线、精密度等验证指标的方法及规定上存在一定差异，导致分析方法开发者及运用者不知参考何种具体的要求以及一些发表文章在方法验证上存在明显的错误。这不利于各分析实验室有效提高、控制其检测水平，也造成一些已经开发出的方法在实际运用中不断出现新的问题。

  因此，本书对国内外各类分析方法验证、确认技术指南进行了介绍，进而以各类验证为主题对国内外权威的分析方法验证、确认技术指南进行梳理、比较，并在此基础上进行讨论，从实际操作角度给出本书编写人员的观点与建议，以期帮助读者理清思路，帮助分析方法开发者提高分析测试结果的准确性、重复性和再现性。

  本书编写人员均为长期在一线从事分析化学检测的科研人员，研究背景涉及烟草烟气有害成分分析、烟草烟气及香精香料香味成分分析、烟用材料分析、烟草常量/半微量成分分析、烟草农药残留分析、烟草生物标志物分析等，开发过相关国际标准、国家标准、行业标准、企业标准，在实际工作中积累了丰富的经验，也对分析方法验证、确认具有长期的思考。因此，本书也结合了编写人员在实际工作中遇到的一些实例进行讨论，以期帮助读者将分析方法验证、确认指南与实际工作进行联系，起到更好的应用与指导作用。

  本书受中国烟草总公司行业标准项目《烟草分析方法验证确认技术指南》经费的资助。本书适用于从事食品、环境、医药等领域化学成分分析人员，因编写人员主要从事色谱类方法的研究，因此对色谱类方法的验证、确认具有更强的指导作用。

由于时间仓促和水平有限，书中恐有不当和错误之处，恳请广大读者批评指正。

编者

目 录
CONTENTS

第1章
国内外分析方法验证、确认技术指南概述

使用标准方法时，需开展方法验证（method verification），而研发一个新方法或使用非标准方法时，则需要开展方法确认（method validation）。分析方法的验证、确认是建立可靠分析方法，获得稳定、准确化学数据的基础，是化学分析中的一个必要程序，同时也是所有分析质量管理体系中不可分割的一部分，许多法规和质量管理标准都要求进行分析方法的验证、确认。

目前国内外多个权威组织均具有相关的分析方法验证指南、规范或标准，如国际标准化组织、国际纯粹与应用化学联合会（IUPAC）、国际人用药品注册技术协调会、美国食品与药物管理局、美国分析化学家协会（AOAC）、美国药典委员会、国家药典委员会、国家标准化管理委员会等均发布了一些分析方法指南，其中一些指南适用范围较宽，而一些指南则聚焦食品、药品定量分析方法验证、确认的具体需求，对这些具体领域分析测试工作具有较好的指导作用。但是，不同的分析方法验证、确认指南/规范/标准在思路上往往并不统一，在重要指标的验证方法上也具有多样性，农业样品、环境样品、生命体液样品分析测试工作者往往不知道该具体依据何种指南，对于各类验证指标的意义、重要性以及关键点也未能准确掌握。

第1节　ISO分析方法验证、确认相关指南的概况

国际标准化组织（International Organization for Standardization，ISO），是标准化领域中的一个国际性非政府组织，成立于 1947 年，现有 165 个成员（包括国家和地区），是全球最大、最权威的国际标准化组织，ISO 负责当今世界上绝大部分领域（包括军工、石油、船舶等垄断行业）的标准化活动，ISO 的宗旨是在世界上促进标准化及其相关活动的发展，以便商品和服务的国际交换，在智力、科学、技术和经济领域开展合作。

ISO 17025：2017 *General requirements for the competence of testing and calibration laboratories*（检测和校准实验室能力的通用要求）的目的是规定实验室进行检验和/或校准能力（包括抽样能力）的要求，适用于所有从事检测和/或校准的组织，包括第一方、第二方和第三方实验室，不论其人员数量的多少或检测和/或校准活动范围的大小。该指南是对检测和校准实验室能力进行认可的依据，也是实验室建立质量、行政和技术运作的管理体系以及为实验室的客户、法定管理机构对实验室的能力进行确认或承认提供指南。该指南7.2.2.1中提出，实验室应对非标准方法、实验室制定的方法、超出其预定范围使用的标准方法或其他修改的标准方法进行确认。确认应尽可能全面，以满足预定用途或应用领域的需要。ISO 17025：2017 的 7.2.2.1 只是在宏观层面上阐述了方法学确认的目的和总体要求，没有提到方法验证的内容及其具体评价方式。ISO 17025：2017 提出了分析方法验证的要求，而如何满足要求，美国分析化学家协会、国际纯粹与应用化学联合会等组织均出台了一些具体的操作规则。

在验证细节上，ISO 5725：1994 *Accuracy（trueness and precision）of measurement methods and results—Part 1：General principles and definitions* ［测定方法和结果的准确度（正确度与精密度）］对准确度（正确度与精密度）进行了详细的术语解释及测定方法规定，而且该标准可细分为 ISO 5725-1：2023、ISO 5725-2：1994、ISO 5725-3：1994、ISO 5725-4：2020、ISO 5725-5：1998、ISO 5725-6：1994 共六个部分，分别针对总则与定义、确定标准测量方法重复性和再现性的基本方法、标准测量方法精密度的中间度量、确定标准测量方法正确度的基本方法、确定标准测量方法精密度的可替代方法、准确度的实际应用进行了详细描述，并提供了实例分析。

ISO 21748：2017 *Guidance for the use of repeatability，reproducibility and trueness estimates in measurement uncertainty evaluation*（测量不确定度估算中重复性、再现性和正确度估算指南）对测量的不确定度评价方式提供了详细导则，对于共同实验结果数据的分析具有重要指导作用。

第 2 节　IUPAC《单一实验室分析方法确认一致性指南》的概况

国际纯粹与应用化学联合会（International Union of Pure and Applied Chemistry，IUPAC），又译国际理论（化学）与应用化学联合会，是一个致力于促进化学发展的非政府组织，也是各国化学会的一个联合组织。其宗旨是促进会员国（member countries）化学家之间的持续合作；研究和推荐对纯粹和应用化学的国际重要课题所需的规范、标准或法规汇编；与其他涉及化学相关课题的国际组织合作；对促进纯粹和应用化学的发展做出贡献。

Thompson 等于 2002 年发表了 IUPAC 技术报告《单一实验室分析方法确认一致性指南（IUPAC）》。该技术报告在术语定义、方法验证、不确定度和质量控制、方法验证的基本原则、验证实验的开展和验证内容等几个方面做出了详细的规定或建议，涉及的验证内容包括了方法适用性、选择性、校准曲线及范围、正确度（trueness）、回收率、精密度、检出限、定量限、灵敏度、耐用性（ruggedness）等多个方面。该报告对于分析方法验证涉及的各项内容的意义及必要性讲解较为深刻，但是在具体操作方法上涉及较少，初涉化学分析的工作者较难理解。

第 3 节　AOAC 分析方法验证、确认相关指南的概况

美国分析化学家协会（Association of Official Analytical Chemists，AOAC）主要职责之一是组织实施分析方法的有效性评价，建立了一套完整、系统、严密的分析方法效率评价程序。AOAC 成立 100 多年来，批准了 2700 多个分析方法，作为国际 AOAC 标准方法被世界各国广泛采用，被称为"金标准"，这是 AOAC 对国际标准化建设的最大贡献，也是它 100 多年誉满全球的基础。

AOAC 发布的 *How to meet ISO 17025 requirements for method verification*（如何满足 ISO 17025 方法验证的要求）根据目的不同将化学检测方法分为以下 6 个类别：①鉴别试验，确定某种材料成分或确定检测目标分析物；②低浓度分析物的定量检测；③检测的分析物正好在特定的低浓度上下浮动，用于确定一个分析物是否高于或低于指定的低浓度（通常称为低浓度限度试验），该特定浓度水平接近定量限；④高浓度分析物的定量检测；⑤检测的分析物正好在特定的高浓度上下浮动，用于确定一个分析物是否高于或低于指定的高浓度（通常称为高浓度限度试验），该特定浓度水平大大高于定量限；⑥定性试验。

表 1–1 列出了 AOAC 关于上述 6 种化学检测方法的验证要求。

表 1-1　　　　　　不同类别化学检测方法的验证要求（AOAC）

性能参数	鉴别试验	低浓度分析物定量检测	低浓度分析物限度试验	高浓度分析物定量检测	高浓度分析物限度试验	定性试验
准确度	NO	YES	NO	YES	YES	NO
精密度	NO	YES	NO	YES	YES	NO
特异性	YES/NO	YES/NO	YES/NO	YES/NO	YES/NO	YES/NO
检出限	NO	YES	YES	NO	NO	NO
定量限	NO	YES	YES	NO	NO	NO
耐用性	NO	NO	NO	NO	NO	NO
线性	NO	NO	NO	NO	NO	NO

AOAC guidelines for single laboratory validation of chemiscal methods for dietary supplements and botanicals（AOAC 关于膳食补充物与植物性药物的化学方法的单一实验室验证指南）中对选择性、校准曲线、标准加入方法、准确度、重复性、精密度、再现性精密度、中间精密度、质控图等多个方面的评价方法均有涉及，而且校准曲线也针对外标法、内标法、标准加入法进行了细分，细节覆盖较为全面，操作性相对较强。

Guidelines for collaborative study procedures to validate characteristics of a method of analysis（AOAC 分析方法性能验证的协同研究程序指南）涉及了准备工作、共同实验设计、共同实验物料制备、提交试验样品、数据统计分析 5 大部分，而各部分又进行了细分讨论，例如数据统计分为审查、离群值、个别结果系统偏差、精密度、假阳性值和假阴性值、共同实验报告共 6 小部分。

第 4 节　ICH 及 FDA 分析方法验证、确认相关指南的概况

国际人用药品注册技术协调会（The International Council for Harmonisation of Technical Requirements for Pharmaceuticals for Human Use，ICH）是由欧盟、美国、日本于 1990 年共同发起，发起者共涉及 6 个机构，包括欧洲制药工业协会联合会、日本厚生劳动省、日本制药工业协会、美国食品与药物管理局（Food and Drug Administration，FDA）、美国药品研究与制造企业协会。ICH 是对三方成员国家的人用药品注册技术要求的现存差异进行协调的国际组织。

2005 年，ICH 发布了 *ICH Harmonised guideline validation of anayitical procedures：text and methodology Q2（R1）* ［ICH 协调三方指导原则　分析方法验

证：正文和方法学（Q2 R1）]。该分析方法验证指导原则适用于鉴别试验、杂质含量的定量测试、杂质控制的限度测试、原料药或制剂及其他药品中选择性组分样品的活性部分的定量测试。应考虑的典型的验证特征包括准确度、精密度（重复性、中间精密度）、专属性、检出限、定量限、线性、范围等，其中对线性、范围、重复性、检出限、定量限的评价方式有较为详细的解释。根据不同的分析方法类型，其验证需求也具有差异性（表 1-2）。整体上看，ICH 发布的 Q2 R1 是针对药品分析遇到的实际分析需求所提出的实用性较强的指导原则。

表 1-2　　　　不同类别化学检测方法的验证需求（ICH Q2 R1）

方法验证需求		鉴别	杂质测定		活性部分测试 [溶解度（仅测量），含量/效力]
			定量	限度	
准确度		–	+	–	+
精密度	重复性	–	+	–	+
	中间精密度	–	+①	–	+①
专属性②		+	+	+	+
检出限		–	–③	+	–
定量限		–	+	–	+
线性		–	+	–	+
范围		–	+	–	+

注："–"表示此项特征通常不用评价；

"+"表示此项特征通常要评价；

①如果重复性已经履行，中间精密度不做要求；

②一个分析方法特异性缺乏，可以通过其他支持性的分析方法补充；

③某些情况下可能需要。

在 2022 年 3 月，ICH 对分析验证指南进行了进一步修订，形成了 ICH *Harmonised guideline validation of anayitical procedures* Q2（R2）[ICH 协调三方指导原则　分析方法验证（Q2 R2）]，由 ICH 成员批准进入第二阶段，并发布以公开征询意见。在该最新征求意见稿中，指出验证研究旨在提供足够的证据证明分析方法符合其目标。这些目标是用一组合适的性能特征及相关性能标准来描述的，可以根据分析方法的预期用途和所选的具体技术而变化。表 1-3 是 Q2 R2 中对"测试实验典型性能特征及相关验证试验"

的规定及要求，图 1-1 描述了根据分析方法目标对验证性能特征的具体选择。

表 1-3   测试实验典型性能特征及相关验证试验（ICH Q2 R2 征求意见稿）

方法性能特征[①]	鉴别	杂质（纯度）其他定量测定[②]		含量测定分析含量/效价其他定量测定[②]
		定量	限度	
专属性[③]				
专属性试验	+	+	+	+
工作范围				
校正模型的适用性	–	+	–	+
范围下限确认	–	QL（DL）	DL	–
准确度[④]				
准确度试验	–	+	–	+
精密度[④]				
重复性试验	–	+	–	+
中间精密度试验	–	+[⑤]	–	+[⑤]

注："-"表示通常不对该测试项进行评估；

"+"表示通常需对该测试项进行评估；

（ ）表示通常不对该测试项进行评估，但在某些复杂情况下建议设定定量限（QL）、检出限（DL）；

①对于某些针对物理化学性质的分析方法，一些性能特征可以用技术本身固有的合理性论证或确认代替；

②对于其他定量测定，如果工作范围接近技术的检出限或定量限，可遵循杂质检测的设定计划，否则建议遵循含量分析的设定计划；

③如果某分析方法缺少专属性的话，可以通过其他一个或多个辅助分析方法进行补偿；

④或者使用一个联合方法分别评估准确度和精密度；

⑤再现性和中间精密度可以作为一组实验进行。

同在 2022 年 3 月，ICH 公开了《ICH 协调指导原则　分析方法开发（Q14）》（征求意见稿），该指导原则描述了运用科学和风险管理进行分析方法的开发和维护，以适用于原料药和制剂的质量评估，对 ICH Q2 R2 的内容进行补充。该指导原则适用于商业原料药和制剂（化学药品和生物制品/生物技术制品）放行和稳定性试验所用的新分析方法或修订的分析方法。

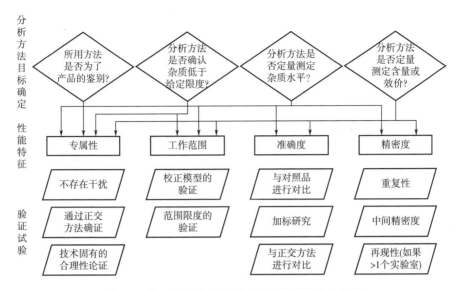

图 1-1　基于分析方法目标对验证性能特征的选择

由于 FDA 是 ICH 的创始监管机构成员，对 ICH 相关指导原则的形成具有重要贡献，而 FDA 建议的相关分析方法验证指导原则也和 ICH 相关指导原则的内容具有高度相似性，因此本书不再一一进行介绍。

第 5 节　中国国家标准中关于分析方法验证、确认的概况

GB/T 32465—2015《化学分析方法验证确认和内部质量控制要求》规定了化学分析方法验证、确认和实验室内部质量控制的要求，包括方法选择、总则、非标准方法溯源性要求、对方法性能指标验证和确认的要求（分析系统适用性、空白检测、正确度、精密度、检出限和定量限、线性及校准、选择性、稳定性、耐用性、回收率、检测能力、测量不确定度评定）、标准操作程序、内部质量控制要求以及色谱分析领域方法调整准则、内部质量控制与质量保证措施的关系等。GB/T 32465—2015 对标准曲线的浓度点数及各浓度点进样次数，不同含量目标物测定结果精密度要求、稳定性评估要求方面进行了较为详细的规定，但是未能详细描述标准曲线线性范围及原点设置，方法耐用性、回收率、检出限及定量限的具体评估方法等重要验证及确认内容。GB/T 32465—2015 在附录 A 中专门指出，在色谱分析领域，允许实验室出于提高检测性能与效率的需要，对标准方法或官方方法中规定的仪器操作条件进行调整，但不能超出附录允许的规定

范围。

GB/T 22554—2010《基于标准样品的线性校准》对于线性校准的数学原理、基本方法、替代方法、控制方法进行了详细介绍。GB/T 6379.1—2004《测量方法与结果的准确度（正确度与精密度）第1部分：总则与定义》，从总则、定义、数学原理上对测量方法与结果的准确度（正确度与精密度）进行了详细介绍。整体上来看，相关国家标准对化学分析方法验证、确认从框架、程序、要求等方面进行了介绍，对关键验证内容进行了术语定义及数学原理等方面诠释。

GB/T 27404—2008《实验室质量控制规范 食品理化检测》在附录 F 中对检测方法的确认技术要求进行了规定，涵盖了回收率、校准曲线、精密度、测定低限、准确度、提取效率、特异性、耐用性。

第6节 欧盟分析方法验证、确认相关法规/指南的概况

欧盟的相关文献中，1993 年文件采用 EEC 打头（欧洲经济委员会，European Economic Commission），1994—2009 年的文件通常用 EC 打头（欧洲共同体，European Commission），2010 年起的文件名字中通常用 EU（欧洲联盟，European Union）打头。

EC（European Commission），NO 657/2002 *Commission decision of 12 August 2002 implementing council directive 96/23/EC concerning the performance of analytical methods and the interpretation of results*（EC 2002/657—执行 EC 96/23《关于分析方法性能和结果解释的委员会决议》) 中包含了对定义、分析方法的执行标准及其他要求、评价过程三个方面的质量控制规范。其中分析方法执行标准涵盖了对气相色谱及液相色谱分离要求，质谱、红外光谱、紫外光谱等检测方法的具体要求。而在验证评价要求方面，该决议对准确度、回收率、重复性、检出限、判断限（筛查方法适用）、耐用性、稳定性等方面给出了详细的评估方法描述，整体上讲在各类指南、法规、标准中，操作性相对较强。但是，该决议对一些验证指标的描述较为简单，例如，对于检出限的规定方法基于空白基质添加进行确定，对于标准曲线的绘制要求也相对简单。

农药残留、兽药残留均属于筛查类方法，需要确定其是否超过限量值，因此验证程序上和定量测定方法有所区别。欧盟发布的 EU（European Union）SANCO/12495/2011 *Methods validation and quality control procedures for pesticide residues analysis in food and feed*（EU SANCO 2011/12495《食品和饲料中农药残留分析的方法确认和质量控制程序》）针对定性筛查方法、定量分析方法中的相关确认指标（如精密度、定量限、校准曲线、回收率、报告限等）进行了细化要求。

EC（European Commission），No 470/2009 *Laying down community procedures for the establishment of residue limits of pharmacologically active substances in food-stuffs of animal origin*（EC 2009/470《食品中兽药最高残留限量制定程序》），目的是明确：①初始验证应满足的最低要求（起始实验室）；②筛选方法能否转移到其他实验室和转移条件的规则；③简化验证应满足的最低要求（接受实验室）。该指南还涉及：①新开发或引入筛选方法性能指标的"初始验证"程序；②依据欧盟 EC 2002/657 决议开发和验证的方法在起始实验室和接受实验室间移植条件的说明以及证明接受实验室能正确使用转移方法所必需的简化验证内容；③筛选方法日常质量控制（持续验证）的建议。具体在验证程序方面，该指南还涵盖筛查方法专属性（CC_β，用于判断筛查方法"筛选"超过某明确限值的正确率）、方法截止水平的确定（CC_α，筛查方法准确判断阳性结果的低限水平）、适用性及耐用性、稳定性等。

第 7 节　《中国药典》中关于分析方法验证、确认的概况

《中华人民共和国药典》简称《中国药典》（Chinese Pharmacopoeia，ChP），是 2015 年 6 月 5 日由中国医药科技出版社出版的图书，是由国家药典委员会创作的。2020 年 7 月 3 日，国家药品监督管理局、国家卫生健康委员会发布公告，2020 年版《中国药典》于 2020 年 12 月 30 日起正式实施。

2020 版《中国药典》是针对药物化合物分析的方法验证规范。2020 版《中国药典》公布的分析方法验证的分析项目包括鉴别试验、杂质检查（限度或定量分析）、含量测定（包括特性参数和含量/效价测定，其中特性参数如药物溶出度、释放度等），而验证的指标包括专属性、准确度、精密度（包括重复性、中间精密度和再现性）、检出限、定量限、线性、范围、耐用性。在分析方法中，须用标准物质进行试验。由于分析方法各有特点，并随分析对象而变化，因此，需要视具体情况拟订验证的指标。表 1-4 列出了《中国药典》检验项目和相应的验证指标可供参考。

表 1-4　　　　　　2020 版《中国药典》检验项目和验证指标

验证指标		鉴别（定性试验）	杂质检查		含量测定 —特性参数 —含量/效价测定
			定量	限度	
专属性①		+	+	+	+
准确度		—	+	—	+
精密度	重复性	—	+②	—	+
	中间精密度	—	—③	+	+②
检出限（LOD）		—	+	—	—
定量限（LOQ）		—	+	—	—
线性		—	+	—	+
范围		—	+	—	+
耐用性		+	+	+	+

注：①如果一个方法不够专属，则可用其他方法补充；
　　②已有再现性精密度，则不需要提供中间精密度；
　　③视具体情况以验证。

第 8 节　《美国药典》中关于分析方法验证、确认的概况

《美国药典》（United States Pharmacopoeia，USP）是美国对药品质量标准和检定方法做出的技术规定，是企业、单位、机构等生产、使用、管理、检验药品、化学品、化工品的法律依据。《美国药典》中的申明尽可能与 ICH 文件分析规程的验证和方法学的延伸内容保持一致。虽然在一些定义细节上或是个别验证指标上，《美国药典》与 ICH 略有差异，但是各类验证指标的评估方法均和 ICH 保持一致。

第 9 节　CAC 分析方法验证、确认相关指南的概况

国际食品法典委员会（Codex Alimentarius Commission，CAC）是由联合国粮食及农业组织（Food and Agriculture Organization of the United Nations，FAO）和世界卫生组织（World Health Organization，WHO）于 1963 年联合设立的政府间国际组织，专门负责协调政府间的食品标准，建立一套完整的国际食品标准体系。国际食品法典委员会有 180 多个成员国和 1 个成员国组织（欧盟），覆盖全球 99% 的人口。

国际食品法典委员会发布的 CAC/GL 56—2005 *Guidelines of the use of mass spectrometry for identification*，*confirmation and quantitative determination of residues*（CAC/GL 56—2005《质谱在农药残留定性、确认和定量分析中的应用指南》），对于质谱法定性确认具有重要的参考价值。该指南指出，使用多残留方法分析农药残留一般包括了两个阶段，即筛选与确认，其流程如图 1-2 所示。在第一阶段中根据原始数据确定可能存在的农药残留，在此过程中应尽量避免假阴性情况。第二阶段的确认则关注第一阶段中发现的农药。确认的深入程度取

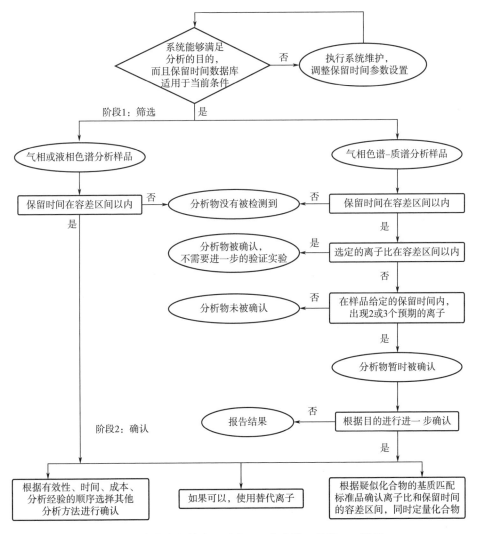

图 1-2　农药残留筛选（阶段 1）和确认（阶段 2）流程

决于结果报告用途及后续管理决策。具体确认技术的选择取决于其可用性、耗时和成本。确认技术应是对色谱和质谱数据的进一步解读，或是根据化合物其他理化性质设计的替代分析方法，或是多种分离技术和检测手段的组合。

第10节　《NATA技术文件17　化学测试方法的验证指南》概况

世界上第一个实验室认可组织就是澳大利亚在1947年成立的国家检测机构协会（National Association of Testing Authorities，NATA），NATA的建立得到了澳大利亚联邦政府、专业研究所和工业界的支持。

NATA认为对实验室检测结果的信任应建立在实验室对其工作质量和技术能力进行管理控制的基础上。于是NATA着手找出可能影响检测结果可靠性的各种因素，并把它们进一步转化为可实施、可评价的实验室质量管理体系；与此同时，在按有关准则对实验室评审的实践中不断研究和发展评审技巧，重视评审员培训与能力的提高。这便形成了最初的实验室认可体系。目前NATA已认可了3000多家实验室，为其服务的具有资格的评审员约2500人。

在NATA Technical Note 17—*guidelines for the validation and verification of quantitative and qualitative test methods*《NATA技术文件17　化学测试方法的验证指南》中，规定了各验证评估指标的分析步骤以及测定次数（表1-5）。

表1-5　　验证评估指标的分析步骤及测定次数（NATA）

评估指标	分析步骤	测定次数
线性度	分析校准标准	重复测定6个或更多的浓度均匀分布在样品预期范围内的标准样品
灵敏度	分析加标样品或用样品提取溶液制备的标准样品	初步检查响应对浓度曲线具有合适的响应（在初步检查之后更多地属于一项质量控制问题）
选择性	考虑潜在干扰物，分析由疑似干扰物添加的样品（方法开发可能克服了潜在问题）	若需要，一次性的测试即足够
正确度；偏差	分析 认证标准物质 其他标准物质 加标样品 与协作研究中标准方法的结果相比较	至少7次重复 标准品与样品应当基质匹配且浓度匹配

续表

评估指标	分析步骤	测定次数
精密度； 实验室再现性	对样品进行重复分析；如果可能的话，选择样品中分析物浓度应在对试验结果使用者最相关的水平	每一基质至少重复 7 次
检出限； 定量限	分析含有低浓度分析物的样品 注：一般仅需为预期在检出限/定量限水平上测量分析物的方法测定检出限/定量限	在 3 个浓度上每个进行至少 7 次重复，其中一个浓度应接近零（图表法）；或者定量限的约两倍浓度上进行至少 7 次重复（统计法）。不同的基质可能需要分别测定
工作范围	评估从偏差试验或定量限试验得出的数据	
耐用性 （或稳健性）	考虑方法中小幅度变化即可能影响结果的步骤	对控制不当即影响结果的方法参数设定适当的限制
	如有必要，进行： ①单变量测试	进行测试，然后在小幅改变单一方法参数后重新测试
	②多变量测试	plackett-Burman 试验
测量不确定度	利用验证数据并结合现有的其他补充数据，如协同试验、能力验证、循环测试的结果以及内部质量控制数据	计算合理、使用的测量不确定度的估计值。确保估计值与试验结果使用者最相关的浓度相称

第 11 节　CORESTA 方法验证、确认相关指南的概况

国际烟草科学研究合作中心（Cooperation Centre for Scientific Research Relative to Tobacco，CORESTA）的宗旨是联合世界烟草生产、加工、科研团体及有关企业、学校，共同协作、研究解决重大的科技问题。1950 年，在罗马召开的欧洲烟草会议上提出了建立国际烟草科技组织的设想。1956 年，18 个国家 24 个团体的代表在巴黎集会，正式成立烟草科学研究合作中心。由 12 位理事组成的理事会负责合作中心的工作，并设专职秘书长处理日常事务，秘书处设于巴黎。1966 年，中心建立科学技术委员会，下设农艺学、植物病理学、工艺学、烟气化学 4 个学组。中国烟草总公司于 1984 年正式加入国际烟草科学研究合作中心，并于 1986 年当选为理事。

CORESTA Guides No. 28 *Technical guide for setting method LOD and LOQ values for the determination of metals in E-liquid and E-vapour aerosol by ICP-MS*（CORESTA Guide No. 28《电子烟液重金属检测方法检出限、定量限设计技术准则》）是针对如何确定用电感耦合等离子体质谱（ICP-MS）法测定电子烟液、电子烟雾化物中金属元素检出限、定量限的技术指南。

CORESTA Guides No. 5 *Technical guideline for pesticide residues analysis on tobacco & tobacco products（includes technical notes）*（CORESTA Guide No. 5《烟草及烟草制品农残分析技术规范》）涉及了基质效应、回收率、校准方法、方法验证等多方面内容还包括适用的烟草基质范围、正确度、精密度、线性、选择性等验证参数，并对一些参数的验证注意事项进行了探讨。

第12节 各类分析方法验证、确认指南/法规/标准情况总结

对以上分析方法验证指南、文件的归纳与总结发现，大部分指南几乎都涵盖了分析方法的验证范围、验证要求、验证内容（如精密度、检出限、定量限、选择性等），但这些指南的术语定义、应用范围、验证参数、验证方法都存在一定的差异性。

国外相关技术指南、法规、文件较为纷杂，但是从派生关系来看，ICH、AOAC、IUPAC、欧盟相关文件以及中国国家标准推荐方法最具有代表性。从第二章开始，本书将分别聚焦各验证、确认参数，对 ICH、AOAC、IUPAC、欧盟相关文件以及中国国家标准推荐方法等相关要求一一进行介绍、比较，同时结合原理分析、影响因素分析、解决方案等方面展开讨论，并结合烟草实际工作中遇到的问题、已发表的国内外论文中的正确示例与错误示例进行分析，力求帮助读者真正掌握分析方法验证的必要性和正确操作方式，摆脱不知该遵循何种方法验证指南的困境。

第2章
方法选择性/特异性评价及检测结果鉴定/确认要求

国内外相关的分析方法验证指南中对于方法的抗干扰能力采用了"选择性"（selectivity）或"特异性"（specificity，也有翻译为"专属性"）这两个概念进行描述。由于不同的分析方法指南选择了这两个概念其中一个，分析工作者往往更加迷惑。而且，在开发分析方法的过程中，分析工作者也常忘记对方法的"选择性"或"特异性"进行考察、表征。因此，本章将重点围绕这两个概念依次对相关的各类分析方法验证指南进行梳理与介绍，以期帮助读者理清概念，掌握评价必要性以及具体评价方式。

在农药残留、兽药残留、药品分析等具体领域，在完成目标物初步筛查后，往往有对分析结果进行确证的明确要求，也就是提供准确定性或鉴定的证据，这涉及了色谱、质谱及其他检测方法、衍生化反应等确证手段及确证要求。对于筛查结果的定性确认手段，实际上也可用于表征定量分析方法的选择性或特异性。因此，本章对这些专属领域分析方法验证指南中对鉴定或确认的具体要求进行了梳理，也为方法专属性及选择性的表征提供参考。

第1节　方法选择性/特异性要求

下文将分别围绕 IUPAC、AOAC、ICH、欧盟、中国国家标准等相关分析方法验证、确认指南中对方法选择性或特异性的要求展开叙述。

一、IUPAC《单一实验室分析方法确认一致性指南》对方法选择性的描述与规定

IUPAC 更倾向于使用"选择性"这个术语。在 Thompson 等于 2002 年发表的 IUPAC 技术报告《单一实验室分析方法确认一致性指南（IUPAC）》附录 A 中 A.2 涉及了对方法"选择性"（selectivity）的描述，具体如下。

选择性是衡量一个分析方法在存在干扰物的情况下能够准确定量的程度。理想情况下，选择性应该对任何可能存在的重要干扰物均进行评价。这对于

检测可能对测试带来影响的干扰物是极为重要的，比如，氨的比色测试法应该检验烷基取代胺对检测的响应或干扰情况。当然，考虑或检测每一个潜在干扰物是不现实的，但是建议对最为严重或存在可能性最大的干扰物进行检验。原则上，方法选择性应足够好，即干扰物对定量结果带来的干扰是可以忽略的。在很多类型分析中，选择性实际上就是对方法定性能力的评价，或是对干扰物进行适合的检验。而目前也存在多种有用的方法定性能力评价方式，例如，采用选择性指数（selectivity index）b_{an}/b_{int} 进行评价，其中 b_{an} 指方法的灵敏度（标准曲线斜率），而 b_{int} 指潜在干扰物的标准曲线斜率（存在 1 个严重干扰物情况下）。b_{int} 可以采用空白基质添加 1 个浓度的潜在干扰物进行近似估算。若空白基质不存在，可采用 1 个典型基质进行替代，需要注意的是，b_{int} 可以采用这种简单方法估算的前提条件是不存在相互基质效应；b_{int} 在不存在分析物的情况下更加容易测定，这是由于可排除其他干扰因素带来的影响。

二、AOAC 相关指南对方法特异性的描述与规定

（一）《如何满足 ISO 17025 方法验证的要求（AOAC）》 对方法特异性的规定

AOAC 对方法特异性仅提出了通用要求：在各类分析方法中，如果样品与原方法适用的样品范围一致且原方法已经经过了验证，因分析原理相同，则无需再次对特异性进行评价。对于一些分析方法，方法特异性受仪器影响，这种情况下实验室在方法确认过程中应评价仪器差异性对方法特异性的影响。因为分析方法的原理多种多样，特异性的评价难以给出统一方式，AOAC 在其发布的重要文件中能给出详细的评价方案。

但是，AOAC 针对膳食补充物与植物性药物分析方法的单一实验室方法验证相关方法指南中则撇弃了"特异性"这一概念，采用了"选择性"，下文将再做介绍。

（二）《AOAC 关于膳食补充物与植物性药物的化学方法的单一实验室验证指南》 对方法选择性的规定

针对膳食补充物与植物性药物分析方法单一实验室方法验证，AOAC 发布了相关方法指南，该指南对方法选择性进行了描述。该文件指出，相比"特异性"而言，AOAC 目前更倾向于使用"选择性"一词。选择性是指方法在其他分析物、基质或者其他潜在干扰物质的存在下量化目标分析物的程度。一般通过分离分析物来实现选择性，如利用有选择性的溶剂进行萃取、色谱法或其他分离方法，或通过应用于特定分析物的技术，如生物化学反应（酶、抗体）或仪器手段（核磁共振、红外光谱或质谱）。

必须在最有可能干扰的分析物或基质的存在下测试方法。通常通过萃取解除基质干扰，然后将所需的分析物通过色谱法或固相萃取与其他萃出物分离。尽管如此，由于持续非选择性背景的出现，许多针对低含量分析物的方法仍然需要空白基质。

色谱法是最有效的分离技术，其中最重要的是目标峰与其他峰之间的分辨率。分辨率 R_s 取决于两个峰的绝对保留时间（t_1 和 t_2）之差以及两个峰的基线宽度 W_1 和 W_2（也以时间表示），可按式（2-1）计算：

$$R_s = 2\ (t_2-t_1)\ /\ (W_1+W_2) \tag{2-1}$$

峰两边的切线与基线或其他方便位置（如半峰高）的交点之间的距离作为峰的基线宽度。通常分辨率至少是 1.5，分辨率 1.0 是分离的最低要求。FDA 建立活性药剂与所有共存化合物之间的 R_s 至少是 2，包括水解、光解、氧化分解产物。另外，分离出的分析物在用不同的色谱柱和溶剂组成的其他色谱系统分析时或在用特异性的技术检测时（如红外光谱、核磁共振、质谱），不应显示出任何其他化合物的存在。这些要求针对合成药物，对于食品和植物性药物样本中常见的化合物类型，必须将要求放宽至与邻近非目标峰之间的分辨率达到 1.5。

如果产品与其他物质混合，必须检测所加物质以保证其中不含有任何会干扰分析物鉴别与测试的成分。如果活性成分是混合物，是否有必要分离组分取决于分离的复杂度、组分间关系的一致性以及组分间的相对生物活性。

三、ICH 相关指导文件中对方法选择性/特异性的描述与规定

ICH 在 2005 年发布的《ICH 协调三方指导原则　分析方法验证：正文和方法学（Q2 R1）》，2022 年 3 月公布的《ICH 协调三方指导原则　分析方法验证（Q2 R2）》均涉及了对方法选择性/特异性的描述，尤其是 Q2 R2 解释得更为详细，也结合具体情况讨论了一些可验证特异性的具体方法。ICH 在 2022 年 3 月一同公布的《ICH 协调指导原则　分析方法开发（Q14）》（征求意见稿）对方法特异性、选择性给出了具体的定义描述。

(一)《ICH 协调三方指导原则　分析方法验证：正文和方法学（Q2 R1）》
　　对方法特异性的规定

特异性是指清晰地评价组分中认为可能存在的被测物的能力，典型的被

测物包括杂质、降解产物、辅料等。

一个单独的分析方法的特异性缺乏，可以通过其他可支持的分析方法来补充。此定义有以下含义。

（1）鉴别　对每个化合物进行准确的定性识别。

（2）杂质（纯度）其他定量测定　确保所执行的所有分析方法对被测物杂质的含量有一个准确的陈述，如有关物质测试、重金属、残留溶剂等

（3）含量测定（含量或效力）　提供准确的结果，对样品中被测物的含量或效力有准确的陈述。

（二）《ICH 协调指导原则　分析方法开发（Q14）》（征求意见稿）对方法选择性/特异性的规定

特异性和选择性均用于描述其他物质对指定分析方法测定某一物质的干扰程度。其他物质可能包括杂质、降解产物、有关物质、基质或操作环境中存在的其他成分。特异性通常用于描述最终状态，明确可以对目标分析物进行检测。选择性则是一个相对术语，用于描述混合物或基质中特定分析物可被检测且不受类似其他组分干扰的程度。

（三）《ICH 协调三方指导原则　分析方法验证（Q2 R2）》对方法选择性/特异性的规定

Q2 R2 将方法特异性、选择性两个概念等同起来，始终采用"specificity/selectivity"进行表述。

Q2 R2 指导原则中指出，分析方法的特异性或选择性可通过在无干扰物的情况下与正交方法的结果对比来证明，或可以由该分析方法本身的基本科学原理进行确定。而特异性或选择性的一些实验可以与准确度联合进行。

如果不是专属分析方法，需要证明其选择性。然而在存在潜在干扰的情况下，对待鉴别或定量分析物的检测应尽量减少干扰并证明检测是适合其用途的。

如果一种分析方法不能提供足够的辨别力，建议结合使用两种或多种方法以达到必要的选择性水平。

1. 无干扰

可以通过证明分析物的鉴别和/或定量不受其他物质（例如杂质、降解产物、有关物质、基质或操作环境中存在的其他成分）的影响来显示方法的特

异性/选择性。

2. 正交方法对比（方法对比实验）

可通过证明分析物的测定结果与另一个已充分表征的分析方法（例如正交方法）的测定结果具有可比性来确认特异性/选择性。

3. 技术固有的合理性论证

在某些情况下，可以通过技术参数［例如，质谱中同位素的分离度、核磁共振（NMR）信号的化学位移］来保证和预测分析技术的特异性；如果论证合理性，则可能不需要进行实验研究。

4. 建议的申报数据

（1）鉴别　对于鉴别试验，一个关键方面是证明分析方法基于目标分析物的独特性和/或其他特定性质对其进行鉴别的能力。

如果含待分析物的样品得到与已知对照品可比的阳性结果，且不含待分析物的样品得到阴性结果，可以由此确认分析方法鉴别该分析物的能力。此外，鉴别试验中可应用与分析物结构相似或密切相关的物质，以确认是否未获得不希望的阳性响应。此类潜在干扰物质的选择应基于科学判断，并考虑可能出现的任何干扰。

（2）含量、纯度和杂质试验　应证明分析方法的特异性/选择性满足样品中待分析物的含量或效力的准确度要求。

应使用代表性数据（例如，色谱图、电泳图或光谱图）来证明特异性，并且相应标出单个成分。

应以适当的水平考察辨别力是否合适（例如，对于色谱图中的临界分离，可以通过洗脱时间最接近的两个组分的分离度来证明特异性）。或者，可以比较不同成分的光谱图以评估出现干扰的可能性。

如果认为一个方法的选择性不足，则应使用额外方法以确保足够的特异性。例如，滴定法用于原料药的放行含量分析时，可以使用含量分析法和合适的杂质检测法。

含量分析和杂质检测的方式相似。

①在可获得杂质或有关物质的情况下：对于含量分析，应在存在杂质和/或辅料的情况下证明方法对分析物的辨别力。

实际操作中，可以在原料药或制剂中加入一定量的杂质和/或辅料，并证明含量分析结果不受这些物质的影响（例如，通过与未加标样品的含量分析结果进行比较）。

对于杂质检测，可以通过在原料药或制剂中加入一定量的杂质，并证明这些杂质能够逐个无偏倚测定和/或与样品基质中其他成分分离，来确定方法的鉴别力。

②在不可获得杂质或有关物质的情况下：如果杂质、有关物质或降解产物不可获得，可通过将含有典型杂质、有关物质或降解产物的样品的检测结果与另一个已充分表征的方法（例如，药典方法或其他经验证的正交分析方法）进行比较来证明特异性。

四、欧盟相关法规/指南对方法选择性/特异性的描述与规定

（一）EU SANCO 2011/12495 对方法选择性/特异性的规定

该文件仅提到了应该尽量避免测试过程中的污染，污染物对方法特异性具有重要影响，但是没有涉及如何评价方法的选择性或特异性，但对色谱、质谱类仪器在鉴定中的要求给出了规定。

（二）EC 2002/657—执行 EC 96/23 对方法选择性/特异性的规定

在 EC 2002/657—执行 EC 96/23 中，其附录 A.2（分析方法性能标准和其他要求）中对方法特异性描述为：方法在试验条件下应能够区分分析物和其他物质，要提供对区分程度的评价。当使用所述测试技术时，应使用排除可预见干扰物质的策略，干扰物质可能包括同系物、类似物、代谢产物等。最重要的是要研究可能来自基质组分的干扰。

在 EC 2002/657—执行 EC 96/23 附录 A.3（验证）中对特异性规定如下：对于分析方法来说，区分分析物与相近物质（异构体、代谢物、降解产物、内源性物质、基质成分等）的能力至关重要，应使用两种方法检验干扰。因此，应选出可能的干扰成分，并分析相关空白样品，以便检测可能的干扰物是否存在，并评估干扰物的影响。

（1）选择一系列化学结果相关的化合物（代谢物、衍生物等），或是样品中可能存在的其他有关成分。

（2）分析一定数量的代表性空白样品（$n \geq 20$），检查在目标分析物出现的区域是否有干扰（信号、峰、离子等）。

（3）代表性空白样品中应添加一定浓度的有可能干扰分析物的定性和/或定量的物质。

（4）分析之后，检查是否有定性错误，一种或多种干扰物的存在妨碍目标分析物的定性，明显影响定量。

（三）《SANCO/825/00 rev. 8.1 农残分析方法指导文件》中对方法选择性的规定

欧盟发布的《SANCO/825/00 rev. 8.1 农残分析方法指导文件》中对方法选择性评价做出如下规定。

（1）必须提供以下典型色谱图以证明方法的选择性：标准曲线最低浓度标样的典型色谱图、基质空白典型色谱图、每种基质中每种靶标物最低添加浓度的典型色谱图。注明样品描述、色谱比例尺、色谱图中所有相关组分。

（2）当用质谱检测时，应提供一张质谱图来表明选择的离子，例如，MS/MS 中的子离子质谱图。

（3）空白值（未添加样品）必须用添加试验用的基质测定，并且空白值不应该大于定量限的 30%，如果超出该值，应给出详细理由。

五、日本《食品中农药残留等检测方法评价指南》对方法选择性的描述与规定

该指南对选择性的定义为：在设想试料中分析物存在的条件下，正确测试分析物的能力。

该指南规定，按照检测方法对空白样品进行检测，验证是否存在对定量造成干扰的峰（干扰峰）。如果发现有干扰峰，则干扰峰的峰面积（或峰高）与测得限量值或定量限相对应标准溶液的峰面积（或峰高）有如下关系。

（1）定量限如果在限量值的 1/3 以下时，则干扰峰的峰面积（或峰高）应小于限量值对应峰面积（或峰高）1/10。

（2）定量限如果超过限量值的 1/3 时，则干扰峰的峰面积（或峰高）应小于等于定量限浓度的峰面积（或峰高）的 1/3。

（3）对于告示中规定农药的限量值为"不得检出"时，干扰峰的峰面积（或峰高）应小于等于检出限（本指南中称为定量限）浓度的峰面积（或峰高）的 1/3。

六、中国国家标准对方法选择性的描述与规定

（一）GB/T 32465—2015《化学分析方法验证确认和内部质量控制要求》对方法选择性的规定

如果分析方法已提供了干扰情况的所有信息，则实验室无需对干扰情况采取进一步的研究。如果方法未能提供干扰情况的信息或是信息不完整，则需要对可能存在的干扰情况展开研究。

如果分析方法在使用中还有新的干扰产生，则必须补充确认。

实验室应该根据方法特点，如常规化学分析方法、光谱分析方法、色谱分析方法，在检测的所有阶段中，如提取、蒸馏、检测等过程，考察可能的干扰情况。

如果检测目标组分为多种组分，则应单独和全面检测这些组分，以考察相互之间是否存在干扰。

如果证明了方法受到干扰物的干扰，则应该进一步研究消除干扰的方法，如采取添加掩蔽剂、化学反应剂等措施消除其影响；如果判断该干扰的影响较小，且不会影响结果的正确度，则不用采取措施消除干扰；如果评估表明干扰是无法消除的，且影响结果的正确度，可将干扰的影响作为方法偏倚，使用此偏倚校正检测结果。

如果需要证实分析方法定性准确性，如含有低浓度有机化合物的样品（如食品中农药残留、环境样品中的有机污染物），需要对微量有机物进行阳性定性，可通过不同检测系统或色谱柱，或者使用专用的质谱，或其他可选择的分析方法进行确认。

应检测下列特定基质，并在下列特定基质中加入可能的干扰物质，检测后评估干扰情况：

①不含目标组分或目标组分含量低到接近 0 的样品基质；

②标准溶液；

③纯试剂基质。

（二）GB/T 27404—2008《实验室质量控制规范　食品理化检测》对方法特异性的规定

对于检测筛选方法和确证方法的特异性必须予以规定，尤其对于确证方法必须尽可能清楚地提供待测物的化学结构信息，仅基于色谱分析而没有使用分子光谱法测定的方法，不能用于确证方法。可采用如下确证方法。

①气相色谱-质谱；

②液相色谱-质谱；

③免疫亲和色谱或气相色谱-质谱；

④气相色谱-红外光谱；

⑤液相色谱-免疫层析。

七、《中国药典》对分析方法专属性的描述与规定

《中国药典》里，并没有采用"特异性"这个概念，而是采用了"专属性"这个概念，而"专属性"和"特异性"均对应英文文件中"specificity"这个词。

该文件对专属性的描述为：专属性系指在其他成分（如杂质、降解产物、辅料等）可能存在下，采用的分析方法能正确测定出被测物的能力。鉴别试验、杂质检查和含量测定方法，均应考察其专属性。如方法专属性不强，应采用一种或多种不同原理的方法予以补充。

（一）鉴别试验

鉴别试验应能区分可能共存的物质或结构相似的化合物。不含被测成分的供试品以及结构相似或组分中的有关化合物，均应呈阴性反应。

（二）杂质检查和含量测定

杂质检查和含量测定采用的色谱法和其他分离方法，应附代表性图谱，以说明方法的专属性，并应标明诸成分在图中的位置，色谱法中的分离度应符合要求。

在杂质对照品可获得的情况下，对于含量测定，试样中可加入杂质或辅料，考察测定结果是否受干扰，并可与未加杂质或辅料的试样比较测定结果。对于杂质检查，也可向试样中加入一定量的杂质，考察杂质能否得到分离。

在杂质或降解产物不能获得的情况下，可将含有杂质或降解产物的试样进行测定，与另一个经验证的方法或药典方法的结果相比较；也可用强光照射、高温、高湿、酸（碱）水解或氧化的方法进行强制破坏，以研究可能的降解产物和降解途径对含量测定和杂质检查的影响。含量测定方法应对比两种方法的结果，杂质检查应对比检出的杂质个数，必要时可采用光电二极管阵列检测和质谱检测，进行峰纯度检查。

八、《NATA 技术文件 17 化学测试方法的验证指南》对方法选择性的描述与规定

方法选择性是指其测量在干扰存在下的准确性。采用如色谱/质谱这样高特异性检测的方法具有高度的选择性，然而，基于比色法的测定可能会受到样品中有色共萃取物或与分析物化学性质类似的化合物的影响。尽管考虑所有潜在干扰物是不切实际的，但是分析员应运用知识和经验去考虑可能的最坏情况。

可以通过分析添加了已知浓度疑似干扰物的样品考察潜在干扰物的影响，其中掺杂干扰物浓度应与实际样品的预期范围一致。原则上所开发方法应具有能够排除显著干扰水平的选择性。

第2节　检测结果鉴定/确认要求

在农药残留、兽药残留等专业领域的分析方法验证指南中，通常也对农药/兽药的定性，或是阳性结果的确认有明确的要求，涉及对色谱方法、质谱等检测方法以及衍生化方法等的具体要求。对于筛查结果的定性确认手段，实际上也可用于表征这类定量分析方法的选择性或特异性。因此，本节总结了检测结果鉴定/确认的相关验证要求。

一、欧盟相关法规/指南对检测结果确认的描述与规定

欧盟（EU）及其前身欧洲共同体（EC）的相关分析方法验证、确认指南文件中，尤其是一些农药残留等专属性方法，因为主要采用色谱-质谱等专属仪器进行测定，对阳性结果的确认/鉴定提出了明确要求，涵盖了对色谱保留行为，质谱、光谱等检测器响应的一些要求。

（一）EC 2002/657—执行 EC 96/23 对有机残留物、污染物确认的要求

在 EC 2002/657—执行 EC 96/23 中，其附录 A.2 对有机残留物或污染物的确认方法要求如下。

有机残留物或污染物的确证方法能提供分析物的化学结构信息。因此，仅基于色谱分析而不适用光（波、质）谱检测的方法本身不适于作确认方法。不过，如果一种单一技术缺乏足够的特异性，通过适当组合净化、色谱分离、光（波、质）谱检测等的分析过程仍可以使其具有所需的特异性。

表 2-1 所列方法或组合方法适用于对制定组别未知的有机残留物或污染物进行确认。

表 2-1　　　　　　　　　　有机残留物或污染物的确认方法

分析技术	EC 96/23 中的物质	局限性
LC 或 GC-MS	A 组和 B 组	仅适用于使用全扫描技术，或使用不记录全质谱图但至少使用 3（B 组）或 4（A 组）识别点时
LC 或 GC-IR	A 组和 B 组	被测物需有红外光谱吸收

续表

分析技术	EC 96/23 中的物质	局限性
液相–全扫描 DAD	B 组	需要由紫外光谱吸收
液相–荧光	B 组	仅适用于有天然荧光及转变或衍生后有荧光的分子
2-D TLC-全扫描 UV/VIS	B 组	必须使用二维 HPTLC 和共色谱法
GC–电子捕获检测	B 组	仅在两根柱子极性不同时适用
LC–酶联免疫	B 组	仅适用于使用至少两个不同的色谱系统或使用第二种独立的检测方法时
LC–UV/VIS（单波长）	B 组	仅适用于使用至少两个不同的色谱系统或使用第二种独立的检测方法时

1. 一般性能标准和要求

确认方法应提供分析物的化学结构信息。当不止一种化合物产生同一响应时，方法就无法区分这些化合物，仅基于色谱分析而不用光（波、质）谱检测的方法本身不适于作确认方法。

当方法采用内标时，在提取步骤开始时就应将适当的内标加入测试部分中去。根据供货情况，内标可选用稳定性同位素标记的分析物（特别适用于质谱检测），也可以选结构与分析物相近的化合物。

如果没有合适的内标可用，就需要采用共色谱法对分析物进行定性。在这种情况下，应只有一个色谱峰，且峰高（或峰面积）的增加相当于加入分析物的量。用气相色谱（GC）或液相色谱（LC）时，半峰宽应在原来峰宽的 90%~110%，保留时间的变化应在 5% 以内。用薄层色谱法（TLC）时，只有代表分析物的斑点得到了加强，不应出现新的斑点，而且形状也不应改变。

分析物含量等于或接近容许限或判断限的标样或加标样（阳性控制样品），以及阴性控制样和试剂空白都应在对每批样品进行分析的同时执行整个分析过程。在分析仪器上进样的顺序是：试剂空白、阴性控制样品、要确证的样品、阴性控制样品再进样，最后是阳性控制样品。顺序的任何调整都应有充分理由证明其合理性。

2. 质谱检测的性能标准和其他要求

质谱法只有在与在线或脱机色谱分离联用的时候才能够作为确认方法。

（1）色谱分离　进行 GC-MS 分析时，应使用毛细管色谱柱分离。进行 LC-MS 分析时，应使用适当的 LC 柱分离。在任何情况下，实验室条件下分析物的最小可接受保留时间应相当于色谱柱死体积时间的两倍。测试部分中分析物的保留时间（或相对保留时间）应在一个特定的保留时间窗口范围内，与校准标准的保留时间相符。保留时间窗口应与该色谱系统的分辨能力相当。分析物和内标的保留时间之比，也就是相对保留时间，应与校正溶液的相对保留时间一致，GC 的容许偏差为±0.5%，LC 的容许偏差为±2.5%。

（2）质谱检测　质谱检测使用的质谱技术有记录全扫描质谱图（full scan）或选择离子监测图谱（SIM）以及串联质谱（MS-MS^n）技术，也可采用高分辨质谱（HRMS），高分辨质谱在整个质量范围内的分辨率一般需大于 10000（10%峰谷）。

①全扫描：用记录全扫描质谱图进行质谱测定时，在标准品参考图谱中所有相对丰度大于 10%的定性（诊断）离子（分子离子、分子离子的特征加成物、特征碎片离子、同位素离子等）都必须在质谱中出现。当采用的是单极质谱记录全扫描图谱时，至少有 4 种离子的相对丰度≥基峰的 10%，若分子离子峰在参考谱图中相对丰度在 10%以上，则必须包括在内，4 种离子的相对离子丰度至少在最大容许偏差范围内（表 2-2）。采用计算机辅助谱库匹配，测试样品与校正溶液质谱图的匹配度应超过临界匹配因子。

表 2-2　　　　　　　使用质谱技术时相对离子丰度最大容许偏差

相对强度 （基峰强度的百分数）/%	EI-GC-MS （相对最大容许偏差）/%	CI-GC-MS, GC-MS^n, LC-MS, LC-MS^n（相对最大容许偏差）/%
>50	±10	±20
20~50	±15	±25
10~20	±20	±30
≤10	±50	±50

②选择离子监测：用选择离子色谱图进行质谱测定时，分子离子最好是其中一个被选择检测的离子（分子离子、分子离子特征加成物、特征碎片离子、所有同位素离子）。选择的诊断离子并不一定要源于分子的同一部分。每个诊断离子的信噪比（S/N）应≥3∶1。对于选择离子监测采集模式，应使用识别电系统进行数据解析。要确认指令 EC 96/23 附录中的 A 组所列物质

最少需要 4 个识别点，而附录中的 B 组所列物质则最少需要 3 个识别点。表 2-3 罗列了其中基本质谱技术的识别点数，但是为了有资格得到确证需要的识别点数和计算识别点之和，则至少应测定一个离子比；所有测定的相关离子比应符合上述标准；可最多结合三种不同的技术取得最低需要的识别点数。

③对于全扫描、选择离子监测：在同样诊断条件下，检测到的离子相对丰度，用最强离子的强度百分比表示，应当与浓度相当的校准标准相对丰度一致，校准标准可以是校准标准品溶液，也可以是添加了标准物质的样品。

表 2-3　　　　　　　　　　　基本质谱技术识别点数示例

技术	离子数	识别点数
GC-MS（EI 或 CI）	N	n
GC-MS（EI 和 CI）	2（EI）+2（CI）	4
GC-MS（EI 或 CI）2 衍生物	2（衍生物 A）+2（衍生物 B）	4
LC-MS	N	n
GC-MS-MS	1 个母离子，2 个子离子	4
LC-MS-MS	1 个母离子，2 个子离子	4
GC-MS-MS	2 个母离子，各 1 个子离子	5
LC-MS-MS	2 个母离子，各 1 个子离子	5
LC-MS-MS-MS	1 个母离子，1 个子离子，2 个第三代离子	5.5
HRMS	N	$2n$
GC-MS 和 LC-MS	2+2	4
GC-MS 和 HRMS	2+1	4

3. 色谱与红外检测联用测定分析物的性能标准和其他要求

相关峰为符合下列要求的校准标准物红外光谱的最大吸收峰。

红外检测最大吸收应在 4000~500cm^{-1} 波数范围内，最强吸收强度不应小于（a）或（b），（a）相对于基线有 40 比摩尔吸光度；（b）在 4000~500cm^{-1} 波数范围内，最强吸收峰有 12.5% 的相对吸光度。测定分析物的吸收频率与校准标准物相关峰对应且偏差在 ±1cm^{-1} 范围的红外光谱的数目。

红外光谱数据的解析：分析物应在校正标准物的参考图谱出现相关峰的所有区域都有吸收。校准标准物的红外图谱至少应有 6 个相关峰，如果少于 6

个，则该图谱不能用作参考图谱。"得分"即在分析物相关区域的图谱与匹配峰一致。这一方法只有在样品图谱的吸收峰强度至少高于噪声 3 倍时才能使用（峰对峰）。

4. LC 与其他检测技术联用测定分析物的性能标准和其他要求

（1）色谱分离　如果有适合于方法的内标物，应使用内标，而且最好是选择保留时间与分析物接近的相关标准品作为内标。在试验条件下，分析物的保留时间应与校准标准一致。分析物的最小可接受保留时间应大于色谱柱死体积相应保留时间的两倍。分析物与内标保留时间之比，即分析物的相对保留时间，应与相关基质中校准标准的相对保留时间一致，偏差在 ±2.5% 以内。

（2）全扫描紫外/可见分光光度法（UV/VIS）检测　应符合 LC 方法的性能标准。分析物光谱的最大吸收波长应与校准标准的光谱无明显差别。若最大吸收相同，且两张光谱任何一点的差别都不大于 10% 吸光率则符合这一标准。使用计算机辅助检索和匹配时，测试样品与校正溶液的光谱数据对比应超过临界匹配因子。每种分析物的匹配因子在验证过程中根据符合上述要求的光谱测定，应核查样品基质和检测器性能引起的光谱改变。

（3）荧光检测　应符合 LC 方法的性能标准。适用于有天然荧光及经转化或衍生后具有荧光的分子。结合色谱条件选择激发和发射波长时，应尽量减少空白样品提取物中成分的干扰。色谱图中离分析物峰最近的峰应与分析物分开，距离至少为分析物峰高 10% 处的峰宽。

（4）LC-酶联免疫测定　LC-酶联免疫本身不能作为确证方法，应符合 LC 方法的相关标准。预先定义的质量控制参数，如非特异性结合、控制样品的相对结合、空白吸光率等，应在验证过程中确定的极限范围内。酶联免疫图至少应有 5 个分段组成，每个分段应小于半峰宽。分析物最大含量的分段与待测样品、阳性控制样品和标准品分段一致。

（5）LC 与 UV/VIS 检测（单波长）测定　带 UV/VIS 检测（单波长）的 LC 本身不适合作为确证方法。色谱图中分析物最近的峰应与分析物分开，距离至少为分析物峰高 10% 处的峰宽。

5. 二维薄层色谱（TLC）与 UV/VIS 光谱检测联用测定分析物的性能标准和其他要求

必须使用二维高效薄层色谱（HPTLC）和共色谱法。分析物的响应函数

（RF）应在±5%范围内与标准物的响应数值一致。分析物的斑点形状与标准无差异，对于颜色相同的斑点，分析物斑点中心与最为邻近的斑点中心的距离至少为斑点直径之和的一半，即彼此不重合。分析物的 UV/VIS 图谱应与标准物的图谱一致。

使用计算机辅助检索和匹配时，测试样品与校正溶液的图谱数据对比应超过临界匹配因子。每种分析物的匹配因子应在验证过程中根据符合上述要求的图谱进行测定。应该核查样品基质和检测器性能引起的图谱改变。

6. GC 与电子捕获检测器（ECD）联用测定分析物的性能标准和要求

如果有适合于方法的内标物，应采用内标定量，最好是选择保留时间与分析物较为接近的化合物作为内标。在试验条件下，分析物的保留时间应与校准标准一致。分析物的最小可接受保留时间应大于色谱柱死体积相应保留时间的两倍。分析物与内标保留时间之比，即分析物的相对保留时间，应与相关基质中校准标准的相对保留时间一致，偏差在±0.5%以内。色谱图中离分析物峰最近的峰应与分析物分开，距离至少为分析物峰高10%处的峰宽。

（二）EU SANCO 2011/12495 对农药残留物确认的要求

EU SANCO 2011/12495 在其第 11 节结果确认中，涉及鉴定的方法、对色谱及质谱的要求，实际上就是对分析方法选择性的控制与验证方案。该文件明确指出了质谱类检测器具有鉴定的优势，并对色谱及各类质谱检测器在鉴定中的要求给出了明确规定，因此对于常规色谱-质谱类分析方法，可参考 EU SANCO 2011/12495 对应要求对分析方法的特异性进行验证、确认，要求具体如下。

鉴定：选择与 GC 或 LC 联用的检测器，例如，ECD、火焰光度检测器（FPD）、氮磷检测器（NPD）、二极管阵列检测器（DAD）和荧光检测器（FLD）。这些检测器只提供有限的特异性，它们即使与不同极性的柱子组合也不能提供明确的鉴定。对于常见的残留物成分，这些局限是可以接受的，尤其是一些还需经过特殊检测技术确定的结果。在报告结果时应指出鉴定上的局限［注：原文（73）部分］。

色谱质谱联用：与色谱分离度联用的质谱在识别提取物中的待测物方面是一个非常有力的工具。它同时提供了保留时间、质荷比和丰度比［注：原文（74）部分］。

对色谱的要求：对 GC-MS 方法，应使用毛细管色谱柱进行分离。对于 LC-MS 方法，色谱分离度可以通过任何合适的液相色谱柱进行。在任意一种情况下，被测物可以接受的最短保留时间应该为相应死体积对应保留时间的两倍。样品萃取物中被测物的保留时间（或相对保留时间）必须与特定窗口色谱体系的校准标准（可能需要基质加标）相符合。待测物的色谱保留时间与合适内标的保留时间的比值，即相对保留时间，在其相应校准溶液的相对保留时间的差别，对 GC 来讲，应在±0.5%范围内；对 LC 来讲，应在±2.5%范围内［注：原文（75）部分］。

对质谱的要求：分析物的标准图应该由与检测待测样品同样的仪器和技术得到。如果已发表谱图与本实验室得到谱图的主要位置有明显区别，那么应该证明后者是有效的。为避免离子比例失真，分析物离子的响应不能使检测器过载，仪器软件中的标准图谱可以由前面最好是同一批进样的非基质添加得到的，如标准品［注：原文（76）部分］。

鉴定依赖于选择正确的特征离子。准分子离子是在检测和鉴定过程中应尽可能采用的特征离子。通常来说，尤其是对单极质谱来讲，在分析过程中高质荷比离子比低质荷比离子（如 $m/z<100$）更为可靠。但是，失去水分子或者普通基团得到的高质荷比离子可能用途会小一些。尽管同位素特征离子，尤其是氯离子和溴离子非常有效，但是选择特征离子不应只从母离子同样的位置选取，同时也需要考虑背景干扰因素［注：原文（77）部分］。

特征离子峰与同一批次中可比浓度的校准标准（信噪比>3∶1）应该有相似的保留时间、峰形和相应比例。同一分析物不同特征离子必须能互相重叠。离子色谱会给出明显的色谱干扰的证据。定量离子应该是最佳信噪比和没有明显色谱干扰的离子［注：原文（78）部分］。

全扫描模式下，可以用手动、解卷积或者其他方式自动扣除背景，这样可以保证得到的色谱峰更具有代表性。一旦采用了背景扣除，那么在这批次中应该统一运用背景扣除，而且应该标明［注：原文（79）部分］。

不同类型和模式的质谱检测器的选择性不同，这与鉴定的可信度有关。表 2-4 中给出了各类型质谱的鉴定要求。这些应该被视为鉴定的指导准则，但不是证明一个化合物是否存在的绝对标准［注：原文（80）部分］。

表 2-4　　　　　　　　　　　不同类型质谱的鉴定要求

质谱类型	单极质谱 （标准质量分辨）	单极质谱 （高分辨）	串联质谱
典型体系 （示例）	四极杆、离子阱、飞行时间质谱	飞行时间、轨道阱、傅里叶变换、磁质谱	三重四极杆、离子阱、杂交质谱（如：四极杆-飞行时间、四极杆-离子阱）
采集	全扫描、限制质荷比扫描、选择离子扫描	全扫描、限制质荷比扫描、选择离子扫描	选择/多反应监测，全扫描，子离子扫描
要求	≥3 个诊断离子（最好包括准分子离子）	≥2 个诊断离子（最好包括准分子离子），质量准确度 $<5\times 10^{-6}$，至少一个碎片离子	≥2 个子离子
离子比例	见表 2-2		

特征离子和子离子的强度可以通过图谱或者积分单个离子（提取的离子色谱图）确定。被测离子的相对强度（表现为最大丰度离子或离子对的百分数）应该与可比浓度和相同测量条件的校准标准相符。可以采用基质匹配的校准溶液。表 2-2 中给出了默认的离子或离子对强度比例的最大容许偏差。

值得一提的是，有些仪器和待测物表现出比较好的性能，而有些比较差，这和基质、浓度相关。随着时间的推移利用校准标准制定性能标准，而不是用表 2-2 中的通用标准来指导实际测试中离子或离子对比例的变化。

更大的容许偏差可能会导致更大比例的假阳性结果。同样，如果降低容许偏差则出现假阴性结果的概率会增加。表 2-2 中容许偏差不能作为绝对的限制条件，不推荐没有经验的分析员做补充分析的自动数据分析。

提高鉴定的可信度需要更多的证据，这可以通过额外的质谱信息得到，如，全扫描图谱的分析，额外的精确质量（碎片）离子、额外的离子对（MS/MS 中）或者精确质量数的子离子。如果离子的同位素比例或者分析物异构体的指纹图谱非常有特征，则可以提供足够的证据。否则，要用不同色谱分离体系和/或不同电离方式或任何其他手段提供信息支持。

二、国际食品法典委员会相关法规或指南对检测结果确认的描述与规定

国际食品法典委员会发布的 CAC/GL 56—2005，对于质谱法定性确认具有重要的参考价值。

(一) 确认测试整体要求

色谱技术应用于筛选或者确认时，需注意设置恰当的保留时间窗口。在进行分析前，正确调试仪器，在每批分析前进行系统适用性试验。应根据实际情况调整保留时间。在第一阶段，毛细管气相色谱柱所出的峰可以容许1.5%~3%的绝对保留时间允许区间。保留时间进行确认时，保留时间越长，则绝对保留时间允许区间越大。当保留时间小于500s，允许区间小于1s；保留时间在500~5000s，则建议采用相对保留时间的0.2%作为允许区间。保留时间更长者，可使用6s作为允许区间。

确认测试可以是定量测试和定性测试，但在大多数情况下，定量和定性信息都要给出。当需要在检出限水平或略高于检出限水平上确认残留物时，会遇到特殊问题。尽管在这一水平上难以定量测定残留物，但仍有必要对成分鉴别和含量水平方面给出足够的确认信息。

(二) GC-MS

残留物的质谱数据是最具决定性的证据，实验室仪器条件允许情况下作为确认的首选。

当使用SIM时，应根据用纯溶剂配制的接近临界水平的农药标准溶液进样结果，建立离子比率和保留时间的允许区间。离子比率的允许区间应在绝对离子丰度比±30%的范围内。当有2个或3个选定离子的比率处于规定允许区间时，则可以确定存在残留物。对少数农药，质谱可能只能找到一个特定离子，在此情况下应寻求其他确认方式。

当检测到的离子表明可能存在残余物，结果报告为"暂定检出"。然而，若检测结果将引起后续监管行动或将用于膳食摄入量评估等其他用途，则需进一步确认待测物的组分。可通过用同一仪器条件分析含疑似检出物的基质匹配标准溶液进一步确认，以消除基质对离子比率的影响。在此情况下，后续要进样测定基质匹配标准样品和疑似阳性样品。待测物在标准和样品中相对保留时间偏差通常应小于0.1%。样品的离子比率应处于基质匹配标准离子比率的规定容许范围之内。如满足上述规定，则可以确定存在残留物。如果离子比率不在允许区间内，可使用其他替代分析技术进行额外确认。

可通过采集完整的电子轰击质谱进行质谱法的进一步确认，实验中通常取从$m/z=50$至分子离子峰范围。不存在干扰离子是确认的一个重要的考虑因素，可通过以下方式获得额外确认：①使用不同色谱柱；②使用不同的离子化技术（如化学电离）；③使用串联质谱（MS/MS 或 MS"），监测选定离子的进一步反应产物；④提高监测选定离子的质量分辨率。

（三）HPLC 和 HPLC-MS/MS

与 GC 相比，HPLC 分离确认检出的残留物难度更大。如果紫外检测显示检出，则可以用完整的光谱作为确认手段。然而，一些农药的紫外吸收特性差，其光谱特性又与许多其他有类似官能团或结构的化合物类似。此外，共流出的干扰化合物也会导致其他问题。多个波长的紫外吸收数据可以用于支持或否定检出，但总体上来看，特异性还不足。荧光数据可用来佐证紫外吸收数据。

LC-MS 可以提供良好的支持性证据，但由于产生的质谱图一般都非常简单且缺乏特有裂解特征，LC-MS 难以作为决定性结果。LC-MS/MS 则结合了选择性和特异性，是一种更为强大的技术，可以提供有效的鉴别信息。LC-MS 容易受到基质效应的影响，特别是基质抑制，因此，可能需要通过标准添加或使用同位素内标定量测定。衍生手段是确认 HPLC 所检出残留物的手段之一。

（四）TLC

在某些情况下，通过 TLC 可以最方便地确认 GC 测定结果。TLC 鉴别基于两个原则：R_f 和显色反应。基于生物测定原理的方法如酶-真菌生长或叶绿体抑制法，特别适用于定性确认，因为此方法对于某类化合物特异性好、灵敏度好，而且通常很少受到共萃取物的影响，可以查到大量关于该技术的科技文献。然而，TLC 在定量方面应用较为有限。为了进一步拓展其用途，可以将展板上对应于目标化合物 R_f 的区别刮下来，把化合物从层析材料上洗脱下来，采用化学或物理确认技术进一步验证分析。为避免 R_f 无法重现的问题，应始终在展板上与样品平行的一侧用农药标准溶液同时点样。把样品溶液点在农药标准溶液点上也有助于鉴别。TLC 的优点是速度快、成本低并适用于热敏材料，缺点是灵敏度和分离能力不足。

（五）衍生

当用 GC-MS 确认衍生物的特征离子时，所选离子必须能够代表母体，也就是残留物的结构而非衍生试剂结构部分。尽管衍生可能是确认残余物的重要方法，也应考虑到衍生给定量确认带来的额外不确定因素。

关于衍生确认可分为以下三大类。

1. 化学反应

小型化学反应可以获得农药的降解、加成或缩合产物，在检测母体后用色谱技术重新检测衍生物，这是衍生确认的常用手段。反应产物和母体化合物相比具有不同的保留时间和/或检测器响应。将农药标准与疑似残留物分别反应，直接比较各自结果，同时还可制备提取液加标样品也进行反应，以证明样品基质存在的情况下反应确实发生了。衍生试剂自身特性可能干扰衍生物的检测。

2. 物理反应

对一种农药残留物进行光化学转化，得到一个或多个具有可重现色谱特性的产物，这是一项有用的技术。同一批次处理中，应该包含农药标准和提取液加标样品。若样品中含有一种以上农药残留则可能对结果分析造成困难，可预先通过 TLC、HPLC 或柱层析分离特定的残留物再进行反应。

3. 其他方法

许多农药容易受酶降解或转化。与普通化学反应不同的是，这些反应的特异性程度非常高，通常包括氧化、水解或脱烷基化。转化物与母体化合物具有不同的色谱特性，可通过与农药标准的反应产物相比较来确认。

第3节 本书编写人员对方法选择性/特异性以及化合物鉴定/确认方法的观点

通过对国内外分析方法验证、确认技术指南中对特异性、选择性、化合物鉴定或确认方法的依次梳理，本书编写人员对于选择性和特异性/专属性有如下观点。

建议和 IUPAC 保持一致，采用方法选择性这个概念，选择性是衡量一个分析方法在存在干扰物的情况下能够准确定量的程度。理想情况下，选择性应该对任何可能存在的重要干扰物进行评价。

在方法开发过程中，应尽量通过试剂纯度及污染控制、前处理净化方法优化、色谱及质谱等检测方法优化，提高方法的选择性。

对于低含量检测情况（如农药残留检测），如果存在空白样品，例如，农药残留空白基质样品，则需要分析一定数量的空白样品、空白基质添加潜在干扰物的样品以检验方法的选择性，空白应满足一定要求，例如，试剂空白和空白基质样品的响应小于 30% LOQ。

在对分析方法进行验证或表征时，建议提供方法选择性的充分证据。本书编写人员认为《ICH 协调三方指导原则　分析方法验证（Q2 R2）》中提到的证明方式操作性较强，可通过无干扰证明、正交方法对比、技术合理性论证、鉴别或纯度等实验数据申报中 2 种以上手段证明方法的选择性。例如，对于通常的色谱-质谱类方法，可提供色谱图以证明分析物与干扰物具有足够的分离度，可采用实际样品中目标峰离子比例或离子对比例与标准样品相应比例的比值情况等证明方法的选择性，可通过和已论证方法测试结果对比证明方法的选择性。对于药物分析领域，可选择递交鉴别实验数据，递交含量、纯度和杂质试验数据，或引入可能存在杂质、异构体等干扰成分以审查对检测结果的扰动，从而证明方法的选择性。

同时，本书编写人员认为，对于农药残留及兽药残留分析领域中阳性结果确认的具体要求，可综合参考 EC 2002/657—执行 EC 96/23、EU SANCO 2011/12495、CAC/GL 56—2005 中的具体要求，这些文件并不冲突，只是在细化上略有差异。对于这类低含量筛查实验，空白样品以及进样顺序均需要重点关注，色谱的保留时间、质谱的匹配度、离子比例/离子对比例等满足确认/鉴定的具体点数要求，方可对结果进行确认。

第 3 章
基质效应评价方法以及消除方案

第 1 节 基质效应简介

本节将围绕基质效应定义、产生原因、影响因素、补偿方法等内容展开叙述，以期帮读者能够比较全面地了解和掌握基质效应相关内容，以帮助分析方法开发、验证、确认。

一、基质效应的定义

基质通常来说就是除了目标分析物以外的样品中的其他成分，基质效应（matrix effect）是指其他组分对待测物测定的影响，即其他所有成分对结果造成的定性定量误差。EU SANCO 2011/12495 中定义：基质效应是指样品中的一种或几种非待测组分对待测物浓度或质量浓度测定准确度的影响；国际烟草科学研究合作中心 2008 年颁布的《烟草及烟草制品农残分析技术规范》（CORESTA Guide No. 5）定义：基质效应为样品中一个或多个未检出组分对分析物浓度测量的影响。

气相色谱（GC）和液相色谱（LC）结合单极质谱（MS）和串联质谱（MS/MS）等技术目前已成为实际样品中痕量物质分析测定的主要手段。即使在遵循标准样品制备协议和使用先进仪器的情况下，基质也会对所提出方法的准确性产生强烈的影响。基质效应由不同的基质组成引起，对复杂基质中目标化合物的检测和定量造成障碍。当待测物的色谱峰在溶剂中与在基质提取物中的色谱峰响应有显著差异时，表现为基质效应。

根据基质对检测信号响应值的不同影响，基质效应可分为基质增强效应和基质减弱效应。基质增强效应即基质组分的存在减少了待测物分子与色谱系统中活性位点作用的机会，从而使待测物响应增强的现象。基质减弱效应则表现为基质组分的存在使检测器信号减弱的现象。一般来说，在气相色谱及其联用技术中多表现为不同程度的基质增强效应[1]，在液相色谱-质谱联用技术中多表现为基质减弱效应[2]。

二、基质效应的产生原因

（一）气相色谱相关技术中基质效应产生原因

尽管最初色谱分析人员并不使用相同的术语，但基质效应一直在影响着气相色谱分析检测。1983 年，Cardone[3] 提出了"可校正的系统误差"，这种说法比"不可校正的误差"要好，但当时校正误差的手段有限且不方便，如使用标准加入法校正误差。根据 Web of Science 查阅文献结果，首次提及与气相色谱技术有关的基质效应是在 1990 年的一篇关于用 GC-MS 分析食品中水杨酸添加剂的报告中[4]。1993 年，Erney 等[5] 发表了在有机磷农药气相色谱分析中由于脂肪基质引起的基质效应的例子，首次使用"基质诱导的色谱响应增强"这一术语。此后，涉及气相色谱中基质效应的论文数量稳步上升，自 2014 年起达到每年大约 120 篇的水平。Poole[6] 在 2007 年对气相色谱中的基质效应进行了综述，Rahman 等[7] 在 2013 年更新了关于基质效应的综述。

气相色谱系统由进样口、毛细管柱和检测器组成。整个气相色谱系统流路中的管道、衬管、色谱柱、连接配件、检测系统等每一部分所使用的材料并不具备完全的惰性。气相色谱系统流路中的玻璃、金属和其他表面（包括固定相）存在硅醇基、化学杂质、离子电荷等活性位点，这些活性位点有利于氢键形成、电荷相互作用、催化反应、化学降解甚至潜在的共价键结合，这是导致气相色谱分析中基质效应产生的主要原因。当纯溶剂中的分析物在高温下进样时，如果分析物不稳定，可能会产生热应力和/或与活性位点发生反应，导致不完全转移到检测器，表现为一个变化的、宽的或拖尾的峰。然而，当实际样品经萃取净化后注入等量的分析物时，基质组分可以（部分）使活性位点失活或与分析物有效竞争与活性位点发生反应和/或降低热应力，改善分析物向检测器的传质，表现为基质增强效应。

气相色谱分析中的基质效应自二十世纪四五十年代产生和发展以来一直存在。硅醇基、化学杂质、离子电荷和其他来源的活性位点在气相色谱中已存在了 70 多年。自气相色谱首次商业化以来，产品惰性一直被寻求和推向市场，失活试剂和衍生化技术很快被用于气相色谱的实践[8,9]。随着时间的推移，熔融石英、金属和其他材料的惰性不断改善，被用于衬管、毛细管、色谱柱、固定相、管道、配件和检测系统。毫无疑问，更大的惰性是可取的，但有一个缺陷是一旦非挥发性物质在惰性表面上凝结，那么暴露的表面就不再是无活性的。此外，气相色谱中的脱活过程或脱活剂在苛刻的热气流和化学条件下往往会随着时间的推移而失效，导致越来越多的活性位点暴露出来（图3-1）。

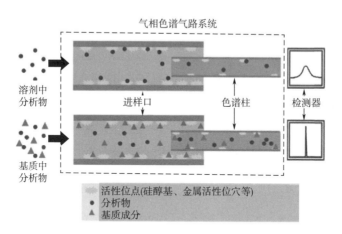

图3-1 气相色谱基质效应产生示意图

（二）液相色谱-质谱联用技术中基质效应产生原因

在电喷雾离子源（ESI）中，当与目标化合物共洗脱的分子改变电喷雾界面的离子化效率时，会产生基质效应。这一现象最早由 Tang 和 Kebarle[10] 提出，他们发现有机碱的电喷雾响应随着其他有机碱浓度的增加而降低，分析认为基质效应可能源于分析物与共洗脱、未检测到的基质成分之间的竞争。

King 等[11] 通过一系列实验表明，基质效应是非挥发性基质成分与分析物离子竞争进入液滴表面转移到气相的结果。他们认为，保持液滴在一起并能抑制小液滴形成的吸引力相关效应在电喷雾电离的电离抑制中占据很大比例。根据电离和离子蒸发过程发生的环境不同，这种竞争可以有效地降低（离子抑制）或提高（离子增强）在界面上以相同浓度存在的目标分析离子的形成效率。因此，分析物离子的形成效率很大程度上取决于进入电喷雾离子源的基质。

Thompson 等[12] 认为离子化效率与发射的气相离子的液滴半径有关。如果样品中含有非挥发性基质成分，则会阻止液滴到达其临界半径和表面场，因此，离子化效率降低，进而降低分析物信号。Qu 等[13] 认为基质成分也可能通过改变电喷雾液滴的表面张力以及与分析物构建加合离子或离子对来影响离子化过程中离子形成的有效性。Rahman 等[14] 认为离子化效率的抑制或增强与基体组分影响大气压电离界面（在目标分析物形成的离子数量上引起相互的正效应或负效应）处电离过程的有效性相关。

三、基质效应的影响因素

根据相关研究，基质效应可能和以下 6 个因素有关。

1. 基质样品的种类和特性

不同基质样品之间的基质效应存在差异，Kocourek 等[15] 评价农药在甘蓝、柑橘和小麦这三种不同植物提取液中的稳定性时，发现农药在小麦提取液中的稳定性明显高于其他两种。

2. 基质浓度

Freitas 等[16] 使用气相色谱，采用基质固相分散萃取技术分析不同水果的基质效应，发现基质类型和浓度以及分析条件的变化均会对基质效应产生一定的影响。

3. 分析物的化学结构及性质

许多研究发现基质效应的大小与分析物的极性有关，分析物极性越大，其基质效应越明显[17-19]。

在气相色谱分析中，一般热不稳定、极性较大或具有氢键结合能力的有机磷酸酯、羟基、咪唑、氨基类等化合物容易产生基质效应。同时，这些化合物比非极性化合物（如有机氯类农药）更易与玻璃和金属表面相互作用[20]。Saka 等[21] 通过建立定量结构-活性/性质关系（QSAR/QSPR）模型指出分子的极性和分析物的量均会不同程度影响基质效应。Botero-Coy 等[22] 在水果中农药的基质效应研究中发现噻虫啉、毒死蜱等含有 $-N=$ 的农药受基质效应影响较为严重。Rahman 等[23] 也指出基质效应在气相色谱测定有机磷农药中显著存在。Hajslova 等[24] 总结出含有特定基团如 $P=O$、$-N=$、$R-NH_2$、$-O-CO-NH-$ 等的农药会表现出更强的基质效应，这些基团因具有共轭给电子能力使极性变大。陈晓水等[25] 在分析烟草中上百种农药残留时发现有机磷、酰胺类和氨基甲酸酯类农药的基质效应相对较强，而有机氯和拟除虫菊酯类农药的基质效应相对较弱。

在 LC-MS 分析中，化合物的化学性质对基质效应的程度同样有显著影响。Bonfiglio 等[26] 报道在相同质谱条件下对 4 种不同极性的化合物进行研究，发现极性最大的化合物受到的离子抑制最强，极性最小的化合物受到的离子抑制影响较小。这些差异的发现对选择合适的内标进行定量具有重要的意义。例如，如果一个药物和一个葡萄糖苷酸代谢物通过与母药的相似物进行内标定量，并且样品之间的基质效应略有不同，那么极性更强的葡萄糖苷酸代谢物的离子化变化可能不会被内标补偿。因此，如果有多个待定量的分析物，极性程度不同，可能需要多个内标[27]。

4. 分析物的浓度

一般低浓度下分析物的基质效应大于高浓度下的基质效应[28]。

5. 色谱条件

在气相色谱分析中，如进样口结构、进样口玻璃衬管的活性差异、进样口及色谱柱的污染程度、进样方式、载气的流速和压力、分析时间和分析温度、检测器种类等都会不同程度地影响基质效应。因此，不是每一种农药及分析物都会有一个相对稳定的基质效应[29,30]。

6. 质谱仪器参数

在 LC-MS 分析中，电离源、电离模式、流速等仪器参数会对基质效应的大小产生影响。

四、基质效应的补偿方法

基质效应的存在一定程度会影响标准曲线的线性，进而影响定量结果的准确性和稳定性。在实际分析中，并不可能完全消除基质效应，但可以采取相关措施降低基质效应对测定的影响，从而提高分析结果的准确性和方法的可靠性。目前，有关基质效应补偿的研究大多针对农残领域，补偿基质效应的方法主要有基质净化法[31,32]、同位素内标法[33]、进样技术改进法[34,35]、基质匹配标准溶液校正法[36-38] 和分析物保护剂法[39-46] 等。不同的补偿方法均有各自的优缺点。

1. 基质净化法

基质净化法是最基本的基质效应补偿方法，在复杂基质的农残分析中，如果不对基质进行处理或处理不当则可能会引起很强的基质效应[47]。一般，在进行基质提取后都需要净化步骤，常用的前处理方法有液液萃取法（LLE）[48]、固液萃取法（SLE）[49]、索氏提取法[50]、加速溶剂萃取法（ASE）[51,52]、微波辅助萃取法（MAE）[53]、QuEChERS 法[54-58]、固相萃取法（SPE）[59] 等。其中，LLE 法是比较经典的提取方法；索氏提取法操作简单易行，成本较低，但溶剂消耗量大且耗时较长[60]；ASE 法消耗溶剂较少、自动化程度高，且操作相对简单，但分析成本过高；MAE 法需采用极性溶剂，且一般都采用混合溶剂提取；QuEChERS 法涵盖了常规样品的前处理过程，简化了操作步骤，降低了样品的损失，已被广泛应用于各个领域。QuEChERS 法可以有效从样品中分离出目标化合物，在准确度、精确度及回收率上也得到了验证。许多研究通过进行多次基质净化来减小基质效应，但结果表明多次净化对抑制基质效应效果不是很明显，并且随着样品制备步骤的增加，会导致某些分析物的回收率偏低。

2. 同位素内标法

对于敏感性化合物，加入同位素标记内标物可以有效解决基质效应，前提是内标物的性质和出峰时间要与待测物相近，且不干扰待测物的定性和定量。同位素内标法是一种比较理想的补偿基质效应的方法[61]，但大多数农药都无可售的同位素内标物，且其成本很高[41]。

3. 进样技术改进法

进样口被认为是分析物降解的主要场所，不同的进样技术[42] 可以减少基质效应，如冷柱头进样、程序升温进样、脉冲不分流进样等。直接进样（DSI）[62]，也称困难基质进样（DMI）[40]，可以防止非挥发性化合物进入色谱系统。脉冲不分流进样在进样时采用高流速将样品从进样口中快速吹入，缩短进样时间，减小容积膨胀体积，减少待测物与进样口活性位点的作用时间，但这样会使更多非挥发性组分进入色谱柱内而加快对色谱柱头和色谱柱的污染速度。一般认为通过连接预柱、衬管中添加玻璃毛等可以减小对气相色谱系统的损害，减小基质产生的影响。但也有研究表明，在敏感性化合物的痕量分析中，为尽量减少活性位点数量，不建议在衬管里填充玻璃毛。以上这些进样技术均可以不同程度减小基质效应。

4. 基质匹配标准溶液校正法

目前，农药残留分析大多采用基质匹配标准曲线进行校准，以使标准溶液中的基质环境与样品中的相同。Masia 等[63] 采用 GC-MS 法测定土壤中农药残留时，利用基质匹配标准曲线计算得到的回收率为 80% 左右，基质效应小于 20%。Botero-Coy 等[22] 提出使用校正因子可以评估基质效应，但该方法要求系统环境及操作条件要很稳定。由于不同类型样品之间存在差异，在分析过程中需考虑不同种类样品具有的基质特性及其产生的基质效应。Vidal 等[37] 对比了 4 种蔬菜和 2 种瓜类的基质匹配标准曲线，最终分别选择黄瓜和西瓜作为蔬菜和水果的代表基质，配制基质匹配标准溶液用于其他蔬菜和水果中农药残留的定量分析。

基质匹配标准溶液校正法是许多实验室较常用的做法，但仍存在一些不足：①与样品组成相匹配的空白基质难以获得；②基质溶液中分析物降解的可能性更大；③气相色谱系统中难挥发性基质成分逐步积累会形成新的活性位点，并逐渐降低分析物的响应，从而增加气相色谱系统的维护工作；④费时、费力以及成本高等。美国环境保护署（EPA）和 FDA 不允许将其用于相关食品中的农药残留分析，主要是为了避免分析结果中存在造假问题。但是在欧洲，农药分析的监管指南则要求使用基质匹配标准校正，前提是基质效应不影响检测信号。

5. 分析物保护剂法

分析物保护剂（analyte protectant，AP）指在气相色谱系统中与活性位点发生强烈相互作用的化合物，可以减少待测物在色谱系统中的降解或吸附。近年来，AP 已越来越多地被应用于基质效应补偿研究中。AP 是特殊的高极性化合物，通过添加到样品提取液和校准溶液中与气相色谱系统中的活性位点相互作用来保护分析物[64-66]。AP 可以有效与靶标物竞争色谱系统中的活性位点，从而最大限度地提高溶剂校准溶液中分析物的响应值，使之达到与基质中同等的响应。目前文献中常用的 AP 有 3-乙氧基-1,2-丙二醇、L-古洛糖酸-γ-内酯和 D-山梨醇等，这些 AP 可以单独使用，也可以以不同组合及浓度比例使用，以达到研究目的。

1993 年，Erney 和 Poole[66] 研究了 8 种不同的化合物减少基质增强效应，结果显示没有一种能达到农药残留分析的目的。因此得出结论：由于农药及其基质所具有的物理化学性质不同，所以不太可能存在能够完全解决基质增强效应的单一化合物。由于氢键是分析物与活性位点相互作用的重要因素，2003 年 Anastassiades 等[67] 在各种农药的 GC-MS 分析中，评价了 93 种具有强氢键结合能力的化合物，包括各种多元醇及其衍生物、氨基酸、羧酸、含氮杂环基团的碱性衍生物等。他们发现，含有多羟基的糖衍生类化合物（如 L-古洛糖酸-γ-内酯）会使分析物的信号显著增强，特别对于易受基质效应影响的农药，Anastassiades 等称这类化合物为 AP。他们建议将 AP 添加到校准溶液和样品提取液中，以通过平衡校准溶液和样品中基质增强效应来改善定量结果。

随后，在 2005 年 Mastovska 等[29] 通过优化 3 种具有不同挥发性的有效

AP 组合（3-乙氧基-1,2-丙二醇、L-古洛糖酸-γ-内酯和 D-山梨醇），结果表明，该 AP 组合（浓度分别为 10，1，1mg/mL）的使用对降低敏感性分析物的损失和改善色谱峰具有显著效果，且这一组合几乎覆盖了适用分析农药的整个色谱范围。2005 年 Sanchez-Brunete 等[40] 采用 GC-MS 技术，考察了几种 AP（2,3-丁二醇、L-古洛糖酸-γ-内酯、玉米油和橄榄油）对基质效应的补偿作用，其中橄榄油对果汁样品中农残的测定具有显著的保护效果，L-古洛糖酸-γ-内酯和橄榄油组合适用于土壤和蜂蜜基质中农残的测定。2005 年 Cajka 等[39] 比较了分别在基质匹配标准和溶剂匹配标准中添加 AP 的农药回收率，当在基质匹配标中添加 AP 时，所有分析物均获得了良好的回收率（70% ~ 120%）。

2008 年 Kirchner 等[68] 对比了在纯乙腈标准溶液中添加和不添加 AP 组合及基质匹配标准曲线中添加和不添加 AP 组合时的标准曲线。其中，AP 组合为 3-乙氧基-1,2-丙二醇、L-古洛糖酸-γ-内酯和 D-山梨醇（浓度分别为 200，20，20mg/mL），结果显示加入 AP 组合的溶剂标准曲线和基质匹配标准曲线效果一致。研究中，Kirchner 等不建议在气相色谱分析中使用溶剂水和乙腈，由于水可以通过产生活性中心及在过高温度下水解固定相，对气相色谱柱寿命产生不良影响；乙腈具有大的汽化体积和高极性，容易引起色谱峰形扭曲。

2009 年 Gonzalez-Rodriguez 等[69] 发现在葡萄提取液（葡萄来自西班牙加利西亚地区贝罗葡萄酒产区）中加入 AP 组合 3-乙氧基-1,2-丙二醇、L-古洛糖酸-γ-内酯和 D-山梨醇（浓度分别为 50，5，5mg/mL）可以避免基质增强效应，在校准溶液中加入该 AP 组合可以增加所有杀菌剂的响应，提高色谱分析的灵敏度。结果显示，11 种杀菌剂的绝对回收率约为 100%，精密度[以相对标准偏差（RSD）表示] 均低于 16%，检出限和定量限均低于 0.01mg/kg，除氰唑酰胺外，其余均远小于欧盟葡萄和瑞士、意大利葡萄酒的最大残留限量。该方法可用于测定西班牙加利西亚地区生产的 3 种白葡萄以及它们相应的葡萄酒中的杀菌剂残留量。

2011 年 Wang 等[41] 采用 GC-MS 法对中草药（普通山药、沙棘和干橘皮）中 195 种农药进行了极性、挥发性等多种理化性质的研究，筛选出易受基质效应影响的农药。此外，还对 7 种 AP（橄榄油、2,3-丁二醇、甲基-β-D-吡喃木糖苷、D-核糖核酸-γ-内酯、3-乙氧基-1,2-丙二醇、L-古洛糖酸-γ-

内酯和 D-山梨醇）进行了评价，研究发现标准溶液中 AP 浓度也是一个重要的因素，在较低浓度时，对某些农药没有影响。当 AP 浓度高于一定值时，农药的响应会相对稳定。优化后的最佳 AP 组合为 D-核糖核酸-γ-内酯（2mg/mL）和 D-山梨醇（1mg/mL）。同时他们认为气相色谱系统中活性位点的数量是有限的，如果活性位点被 AP 完全掩盖，基质效应就可以得到有效补偿。结果显示，在 3 种中草药基质中农药的回收率，除甲硫磷外，其余大部分农药均处于合理范围（80%～120%），同时 AP 的使用可以改善色谱峰形，降低定量限。

2012 年 Rahman 等[23] 采用 GC-FPD 分析辣椒中的热敏感化合物特丁磷亚砜及其代谢物，以辣椒叶基质为 AP，结果显示特丁磷亚砜及其代谢物的回收率为 73.0%～114.5%，RSD<12%。2012 年 Li 等[42] 采用 GC-MS 检测茶叶基质中的 186 种农残化合物，评价了 11 种 AP 及不同 AP 组合对基质效应的影响，得出 AP 组合甘油三酯和 D-核糖核酸-γ-内酯浓度分别为 2mg/mL 时的基质效应补偿效果最好。当使用所选的 AP 组合时，186 种农药中超过 96%其回收率在 70%～120%，RSD 均小于 20%。为了评估使用 AP 对 GC-MS 系统的影响，溶剂标准溶液的进样顺序如下：①溶剂标准溶液；②～⑯红茶样品溶液；⑰～㉑红茶基质匹配标准溶液；㉒溶剂标准溶液；㉓～㊲乌龙茶样品溶液；㊳～㊷乌龙茶基质匹配标准溶液；㊸溶剂标准溶液；㊹～㊾绿茶样品溶液；㊾～㊿绿茶基质匹配标准溶液；㉔溶剂标准溶液；㉕～㉔本地市场的商业茶样品溶液；㉟溶剂标准溶液。通过对比添加和不添加 AP 组合茶叶样品 5 次结果的峰面积、峰高、峰高/峰面积的 RSD，加入 AP 的农药的 RSD 明显低于不加 AP 的样品中农药的 RSD。随着系统长期运行，AP 的加入使色谱峰强度降低最小化，减少了 GC-MS 系统的维护需求。

2015 年 Rasche 等[70] 采用 AP 组合（3-乙氧基-1,2-丙二醇、L-古洛糖酸-γ-内酯和 D-山梨醇）建立了 120 种农药的 GC-MS/MS 分析方法。使用校准标准溶液，在苹果提取液中加入 AP 组合，对不同基质提取物（番茄、红辣椒、樱桃、苹果干、葡萄干、小麦粉、燕麦卷、小麦胚芽等）中的 120 种农药进行定性和定量分析，分析结果良好（加标回收率 70%～120%，RSD<20%）。

2019 年 Tsuchiyama 等[35] 研究了改进气体发生器（modifier gas generator，MGG）、AP 和多个内标同时使用对基质效应的补偿作用，以乙二醇（EG）

为改进气，采用 GC-MS 分析不同食品提取物的基质效应。发现将 MGG 与常规 AP 结合使用，大多数农药的基质效应显著降低，其中 EG 对有机磷农药和含氨基的农药最有效。同时与多种内标结合使用时分析结果与基质匹配校准法相当，甚至优于基质匹配校准法。与基质匹配校准法相比，该方法的定量性能对基质变化的影响更稳定，是一个比较有前景的农残常规检测方法。

2019 年 Rutkowska 等[71] 采用改进的 QuEChERS 方法和 GC-MS/MS 分析方法，比较了 236 种农药在干草和干果等复杂基质中的基质效应。评估了 3 种方法：①基质匹配校准法；②在提取液中加入 AP 组合；③在进样品溶液之前先进 AP 组合溶液，其中 AP 组合为 3-乙氧基-1,2-丙二醇、L-古洛糖酸-γ-内酯、D-山梨醇和莽草酸。对比发现，在进序列之前注入 AP 溶液时效果比较显著，分别在 0.005，0.05，1.00μg/mL 3 种添加水平下进行了重复回收实验，验证了方法的有效性，回收率为 62%~125%，RSD 为 1%~19%。

2021 年 Soliman 等[72] 比较了 13 种不同的 AP（2,3-丁二醇、3-乙氧基-1,2-丙二醇、D-果糖、葡萄糖酸-γ-内酯、D-葡萄糖、D-核糖核酸-γ-内酯、D-核糖、D-山梨醇、L-古洛糖酸-γ-内酯、薄荷醇、聚乙二醇、甘油三酸酯和香兰素）在 4 种溶剂（正己烷、丙酮、乙腈和乙酸乙酯）中 224 种农药的色谱峰。每种 AP 对每种溶剂都有不同的表现行为。总体上，乙腈对极性 AP 的敏感性最强，其次是丙酮、乙酸乙酯、正己烷。无 AP 时，在正己烷中的峰形最好，其次为乙酸乙酯、丙酮、乙腈。最终选择了 7 种 AP 的组合，并使用夹心注射法（SIA），考察了校准溶剂、AP 溶剂和 AP 浓度这些因素对基质效应的补偿作用影响。结果显示，在 GC-MS/MS 分析中，每种 AP 对 QuEChERS 提取物的标准溶液和溶剂校准溶液都有一定的补偿效果。

使用 AP 的优点主要有[68]：可以改善分析物的色谱峰强度和峰形，使色谱峰的识别和积分更容易、准确；可以实现更高的选择性、准确性以及更低的检出限；可以代替基质匹配校准法，一定程度消除基质增强效应引起的误差；美国允许在食品中农药残留的检测分析中使用 AP；该方法操作简单、快速且经济；可以减少气相色谱系统的维护，即使非常脏的系统也可以通过使用 AP 提供良好的结果。但也存在一些局限性，如含有多个氢键的最佳保护剂大多是极性的，因此，需溶解在极性较强的溶剂（如乙腈、水）中，这限制了部分 AP 的应用范围。此外，色谱系统长期稳定性的建立也是需要考虑的。

第2节 基质效应的规定与要求

一、IUPAC《单一实验室分析方法确认一致性指南》对基质效应的描述与规定

Thompson 等于 2002 年发表的 IUPAC 技术报告《单一实验室分析方法确认一致性指南》中，附录 A "关于方法性能特性研究要求的注解"的 A.3.2（总基质效应的测试）和 A.13（基质差异）部分涉及对基质效应的描述，具体如下：

1. 总基质效应的测试

如果校准标准品可以制备成简单的分析物溶液，那就极大地简化了校准过程。如果采用这种方法，在确认中就必须评估可能的总基质不匹配的效应。可以使用将分析物加到由典型测试材料得到的测试溶液中的方法（也称"标准加入法"），来测试总基质效应。测试时最终稀释液应该同正常程序配制的相一致，加入法的范围也应围绕与程序定义校准确认相一致的范围。如果校准是线性的，通常使用校准函数的斜率图和分析物加入，可以对显著性差异进行比较，缺乏显著性就意味着没有检测到总基质效应。如果校准不是线性的，需要更复杂的方法检验显著性，但通常在相同浓度水平上直观比较就足够了。这种测试中如果没有显著性往往意味着不存在基质差异效应。

2. 基质差异

基质差异在许多行业中是最重要的误差来源之一，但又是最少受到重视的分析测量中的误差来源。当定义要确认的分析系统时，在诸多影响因素中，要详细指明测试材料的基质，在定义的类别范围可能有相当大的差异范围。举一个极端的例子：土壤类的样品可以由黏土、沙子、白垩、红土（主要成分是 Fe_2O_3 和 Al_2O_3）、泥炭等组成，或这些物质的混合物组成。每一种物质将给分析方法带来独特的基质效应，如果没有相关土壤类样品的信息，那么由于基质效应的可变性，在分析结果中就会有额外的不确定度。

基质差异不确定度需要单独量化，因为在确认过程中的其他部分没有考虑基质差异。通过收集获得在定义类别范围内可能遇到的一组有代表性的基质的信息，基质中被测物浓度都在适当的范围内。按照方法文本分析测试材料，并评估结果的偏差。除非测试材料是有证标准物质，否则必须用添加和回收率评估的方法进行偏差评估，用 RSD 来评估不确定度。

二、AOAC 相关指南对基质效应的描述与规定

《AOAC 关于膳食补充物与植物性药物的化学方法的单一实验室验证指南》的 3.3 "校准" 部分指出，当基质效应对分析物的影响未知或可变时，可以采用标准加入法。

首先测定单独的分析物溶液，然后以原始水平和原始水平的两倍或三倍（或已知倍数）分别添加分析物标准物并测定。将初始未知浓度设定为零并绘制响应与浓度的关系图。将图线外推至零响应并从 X 轴读出（负的）浓度值。此处的主要假设是响应在工作范围内是线性的。这一方式最常用于发射光谱、电化学以及放射性同位素标记的质谱方法中（图 3-2 及表 3-1）。

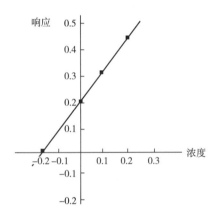

图 3-2　仪器响应-添加 Gu 浓度拟合直线示意图

表 3-1　　　　　　　仪器响应-添加 Cu 浓度关系示意

添加的 Cu 浓度/(μg/g)	仪器响应
0.0	0.200
0.10	0.320
0.20	0.440

外推至零响应的 Cu 浓度（-）0.18

三、欧盟相关法规/指南对基质效应的描述与规定

EU SANCO 2011/12495 对基质效应做出如下规定。

基质效应指样品中一个或多个非检测成分对分析物浓度或质量的影响。一些测定系统（例如，GC、LC-MS、ELISA）对某些分析物的响应可能受到样品（基质）中共提取物的影响。顶空分析和固相微萃取（SPME）的分配

也经常受到样品中存在成分的影响。由各种物理和化学过程产生的基质效应，很难或无法消除。与简单溶剂配制的分析物溶液产生的响应相比，基质效应可根据检测器响应的增加或减小观察到。这种效应的存在与否可以通过用简单溶剂配制的分析物溶液的响应与有样品或样品提取物存在时相同量的分析物产生的响应进行比较来证明。虽然某些技术和系统（如 HPLC-UV、同位素稀释）本质上很少受到影响，但基质效应的产生往往是多变和不可预见的。当必须采用易受影响的技术或设备时，用基质匹配校准可能会更为可靠。基质匹配校准可以补偿基质效应，但不能消除根本的起因。由于根本的起因仍然存在，影响的强度可能对每个基质或样品都不相同，并因基质浓度而异。在基质效应因样品而异时，可以采用同位素稀释或标准加入法。

1. 基质匹配校准

（1）在方法验证时应对基质效应进行充分评估。基质效应的发生和强度是不固定的，但有些技术会使这种效应更明显。如果所用技术不能固有地避免这种效应，应用基质匹配进行校准，除非采用一种可替代的方式能提供相当的或更好的准确度。空白基质提取液（顶空和 SPME 分析的校准可用样品）可用于校准。在气相分析中使基质效应最小化的方法是将分析保护剂（例如，D-山梨醇、L-古洛糖酸-γ-内酯、L-古洛糖酸-δ-内酯、3-乙氧基-1,2-丙二醇加入样品提取液和校准溶液中（纯溶剂或基质里），使其产生相同的基质效应。消除基质效应的最佳方法是用标准加入法进行校准。

（2）一个潜在的问题是不同的样品、不同类型的提取方法、不同的商品、不同浓度的基质可能表现为不同强度的基质效应。如果一个轻微的校准偏差是可接受的，则可用一个代表性的基质来校准范围广泛的样品类型。

（3）如果需要气相色谱分析，应在一批分析中第一个校准序列完成之前迅速进行初始化。

2. 标准添加

（1）标准添加可以用来代替基质匹配校准标准的使用，尤其是当残留量超过最大残留限量（MRL）的验证分析和/或在配制基质匹配标准溶液时没有合适的商品空白时，建议使用标准添加。标准添加程序需将测试样品分成三部分（或更多），一部分用于分析，其他部分在提取前迅速加入已知量的标准，标准的添加量应该为样品中被分析物量的 1~5 倍。这个程序的设计确定了样品中分析物内容，同时也从根本上考虑了分析方法的回收率和基质效应的补偿。未添加标准样品的被分析物的含量可通过简单的比例进行计算。这种技术在一定程度上已知样品中被分析物的大致浓度，因此，标准的添加量接近于样品中的含量。如果被分析物的浓度完全未知，则有必要在一系列平行的样品中递增加入不同量的分析物，这样可得到与正常的标准校准相似的校准曲线。这个技术可同时对回收率和校准进行自动调整。标准添加不能克服被同时提取出的化合物由于共流出或不可分辨而带来的谱干扰。采用标准添加方法时样品中被分析物的浓度通过外推法得到，因此，为了获得准确的数值，必须在适当的浓度范围内获得线性响应值。

（2）进样前在等分样品提取液中加入已知量的分析物是另一种形式的标准添加，但只能用于对校准包括基质效应的调整。

四、《中国药典》对基质效应的描述与规定

《中国药典》中《生物样品定量分析方法验证指导原则》指出，分析方法验证的主要目的是证明特定方法对于测定在某种生物基质中分析物浓度的可靠性。此外，方法验证应采用与试验样品相同的抗凝剂。一般应对每个物种和每种基质进行完整验证。当难以获得相同的基质时，可以采用适当基质替代，但要说明理由。该指导原则对基质效应规定如下。

当采用质谱方法时，应该考察基质效应。使用至少 6 批来自不同供体的空白基质，不应使用合并的基质。如果基质难以获得，则使用少于 6 批基质，但应该说明理由。

对于每批基质，应该通过计算基质存在下的峰面积（由空白基质提取后加入分析物和内标测得）与不含基质的相应峰面积（分析物和内标的纯溶液）的比值，计算每一分析物和内标的基质因子。进一步通过分析物的基质因子除以内标的基质因子，计算经内标归一化的基质因子。从 6 批基质计算的内标归一化的基质因子的变异系数不得大于 15%。该测定应分别在低浓度和高浓度下进行。

如果不适用上述方式，例如，采用在线样品预处理的情况，则应该通过分析至少 6 批基质，分别加入高浓度和低浓度（定量下限浓度 3 倍以内以及接近定量上限）的分析物标准品，来获得批间响应的变异系数。其验证报告应包括分析物和内标的峰面积，以及每一样品的计算浓度。这些浓度计算值的总体变异系数不得大于 15%。

除正常基质外，还应关注其他样品的基质效应，例如，溶血的或高血脂

的血浆样品等。

该指导原则在"方法验证前的考量"部分给出了基质选择的要求。

一般不推荐使用经碳吸附、免疫吸附等方法提取过的基质，或透析血清、蛋白缓冲液等替代实际样品基质建立分析方法。但在某些情况下，复杂生物基质中可能存在高浓度与分析物结构相关的内源性物质，其高度干扰导致根本无法测定分析物。在无其他可选定量策略的前提下，可允许使用替代基质建立分析方法。但应对使用替代基质建立方法的必要性加以证明。

可采用替代基质建立标准曲线，但质量控制样品必须用实际样品基质配制，应通过计算准确度来证明基质效应的消除。

五、《NATA 技术文件 17 化学测试方法的验证指南》对基质效应的描述与规定

《NATA 技术文件 17 化学测试方法的验证指南》介绍了在确认或验证方法时应考虑的各个方面，并就如何对其进行调查和评估提供指引。该指南适用于采用化学分析方法的所有检测领域。该指南第二章"确认参数"部分对基质效应进行了如下描述。

有些分析方法，对给定含量的物质（一般以浓度计）测得的响应值随样品基质的变化而改变。例如，以气–液色谱分析农药残留时基质增强是一个偶有发生的现象。

如果没有明显的基质效应，使用普通标准溶液作为校准标准是首选方案。如果怀疑存在基质效应，可以通过用分析物对典型的样品提取液进行标准添加作为标准。在浓度范围相同时比较有基质添加的标准和无基质添加的标准两者校准曲线的斜率是否有显著差异。如果斜率没有显著不同，无需补偿基质效应。但是，必须注意的是标准加入法无法弥补累加的基质效应。

六、CORESTA 相关指南中对基质效应的描述与规定

CORESTA Guide No. 5《烟草及烟草制品农残分析技术规范》将基质效应定义为：样品中一个或多个未检出组分对分析物浓度测量的影响。与溶剂中的分析物响应相比，基质效应会导致分析物响应增加（增强）或降低（抑制）。该指南在第 6 章"污染与干扰"部分对基质效应内容进行了以下介绍。

基质效应源于与靶标物一同萃取出的物质，消除基质效应非常困难或几乎不可能。基质效应会使靶标物的响应比其纯溶液的响应降低或升高。

基质效应不可预测。因此，应预先弄清待测烟草的类型，采取合适的标准溶液配制方法。若烟草类型未知，采用标准加入法会使结果较为准确。

若不采取适当的措施，基质效应会严重影响方法的准确度。方法评价时应考察不同烟草类型产生的基质效应。可采取下述措施降低基质效应的影响：

①改进样品净化方法；

②稀释样品液；

③使用同位素标记的内标物；

④配制基质匹配标准溶液；

⑤采用标准加入法。

在该指南第 7 章 "定量" 部分指出，有几种不同的定量方法，采用何种方法定量取决于若干因素，不同分析方法有所不同：

①采用溶剂配制标准溶液定量；

②采用基质匹配标准溶液定量；

③采用过程标准溶液定量；

④采用标准加入法。

若不同类型烟草的分析不存在基质效应，则可采用溶剂配制标准溶液。使用溶剂配制标准溶液定量时，样品液与标准溶液中的溶剂应完全相同。

由于烟草分析中基质效应是不可避免的，基质匹配标准溶液法是首选定量方法。该部分对基质匹配标准溶液法做了如下规定。

基质匹配标准溶液的配制方法为：萃取 "空白" 烟草，加入标准溶液。"空白" 烟草是指不含农药残留或农药残留含量极低的相关类型的烟草。为防止定量误差，基质匹配标准溶液中基质的浓度应与实际样品分析时的基质浓度相同。例如，当样品萃取液中含有高水平的残留，超出了标准曲线的范围时，常稀释样品使其在范围之内；基质匹配标准溶液中基质的浓度也应该与稀释后的样品中基质的浓度相一致。

由于一些异构体及其氧化降解产物会在基质中发生化学反应，因此，使用基质匹配标准溶液时应特别小心。例如，已经发现苯线磷在基质匹配标准溶液中易被氧化。

采用过程标准溶液定量可以补偿与某些农药/农产品组合相关的基质效应

和低提取回收率，特别是在没有同位素标准品或其成本太高的情况下。过程标准溶液是由在提取前向一系列空白烟草中加入不同量的分析物制备而成，分析方法与样品完全相同。

标准加入法是基质匹配标准溶液校正法的另一个替代方法。这种方法需要假设预先知道样品中靶标物的浓度，以便加入近似量的靶标物。这种方法能同时自动调整回收率和基质效应。标准加入法对消除共提取物产生的干扰没有作用。无法找到空白烟草基质或被测烟草样品类型未知时，标准加入法比较有用。

该指南对定量方法中内标的使用进行了描述。

内标物是在分析的特定阶段，向样品测试部分或样品提取液中添加已知量的化学物质，以检查（部分）分析方法是否被正确执行。内标物应具有化学稳定性和/或通常表现出与目标分析物相同的行为。

一个内标可能不能代表所有被检测的农药。如果内标的回收率或检测被包括在内时，建议使用多个内标。在分析具有相似性质的特定组农药时，可以选择具有相似行为的内标物。然而，对于部分超过 100 种农药的多残留检测方法来说，每个农药使用一个内标成本太高。

建议使用同位素标记的内标。同位素标记的内标是具有与目标分析物相同的化学结构和元素组成的内标，但目标分析物分子的一个或多个原子被同位素取代。使用同位素标记的内标的先决条件是使用质谱法，质谱法允许同时检测共洗脱的未标记分析物和相应的同位素标记内标。同位素标记的内标可用于准确补偿检测过程中的分析物损失和体积变化，以及色谱检测系统中的基质效应和响应漂移。提取物储存过程中的损失也将通过同位素标记的内标进行校正。使用同位素标记的内标物不会补偿所产生残留物的不完全提取。

内标可以作为质量控制的标记物，用于监控整个样品制备过程。这是确定样品是否正确制备（即没有遗漏稀释步骤）的一种简单有效的方法。

CORESTA Guide No. 5 第八章"方法评价"部分规定，方法评价（准确度、精密度、线性范围、定量限、选择性）应采用日常分析的、用于考察基质效应的烟草类型。对于烟叶，应包括：烤烟、白肋烟、香料烟、深色晾晒烟（深色烟熏烟、深色晾烟）。即使相同类型的烟草，由于种植年份或种植地域不同，基质效应也有可能不同。

第 3 节　烟草香味成分分析中基质效应测定及补偿方法实例分析

烟草香味成分定性、定量分析对卷烟风格的剖析和卷烟制品的安全控制至关重要。GC-MS 技术对挥发性及半挥发性成分具有优异的分离能力，目前多采用 GC-MS 法对烟草香味成分进行分离分析。在 GC-MS 分析中常存在基质效应，尤其是一些含极性基团的香味成分，基质效应的存在会对标准曲线的适用性产生重要影响，进而影响香味成分的定量结果。

一、实验材料

QuEChERS 萃取试剂盒（4g 硫酸镁+1g 氯化钠，美国 Agilent 公司）；46种香味成分标准品及内标己酸甲酯（>98%，美国 Sigma 公司、东京化成工业株式会社、加拿大 TRC 公司或北京百灵威科技有限公司等）；23 种分析保护剂（>95%，上海阿拉丁试剂有限公司、东京化成工业株式会社和北京百灵威科技有限公司等）；磷酸（AR，天津市科密欧化学试剂有限公司）；磷酸二氢钠（AR，国药集团化学试剂有限公司）；乙腈和甲醇（色谱纯，美国 J T Baker公司）；二氯乙烷（色谱纯，美国 Omni Chem 公司）；二氯甲烷（色谱纯，德国 Merck 公司）；超纯水（自制，电阻率 18.2MΩ·cm）。

二、溶液配制

（1）内标工作溶液　准确称取内标己酸甲酯 100mg（精确至±0.1mg），用二氯乙烷溶解并定容至 10mL，配制成质量浓度为 10000mg/L 的内标储备液，于4℃下存储；准确移取 0.1mL 内标储备液于 10mL 容量瓶中，用 $V_{乙腈}:V_{二氯甲烷}=$2:1 定容，配制成质量浓度为 100mg/L 的内标工作溶液。

（2）混合标准工作溶液　准确称取各香味成分标准品 100mg（精确至±0.1mg），用二氯乙烷溶解并定容至 10mL，配制成质量浓度为 10000mg/L的单标储备液。准确移取 0.1mL 各单标储备液于 50mL 容量瓶中，用溶剂 $V_{乙腈}:V_{二氯甲烷}=2:1$ 定容，配制成质量浓度为 20mg/L 的混合标准工作溶液。

（3）3 种溶剂体系下的香味成分标准溶液

①溶剂标准溶液：采用 $V_{乙腈}:V_{二氯甲烷}=2:1$ 的溶剂配制一定浓度的香味成分标准溶液，移取 1mL 后加入 50μL $V_{乙腈}:V_{二氯甲烷}=2:1$ 溶剂。

②"溶剂+AP"标准溶液：采用 $V_{乙腈}:V_{二氯甲烷}=2:1$ 的溶剂配制一定浓度的香味成分标准溶液，移取 1mL 后加入 50μL AP 溶液（20mg/mL）。

③烟草基质匹配标准溶液：采用烟草基质提取液为溶剂，配制一定浓度的香味成分标准溶液，移取 1mL 后加入 50μL 上述混合溶剂。

（4）磷酸盐缓冲溶液 准确称取 2.80g 磷酸以及 10.00g 磷酸二氢钠，加入 100mL 超纯水，超声、搅拌至溶解，常温放置备用。

三、仪器

7890N 气相色谱-5975C 质谱联用仪（美国 Agilent 公司）；Multi Reax 试管振荡器（德国 Heidolph 公司）；Sigma 3-30KS 高速冷冻离心机（美国 Sigma 公司）。

四、色谱、质谱条件

（1）色谱柱 DB-5MS UI 弹性石英毛细管色谱柱（60m×0.25mm×0.25μm）；进样口温度：290℃；程序升温：初始温度 40℃，保持 3min 后以 3℃/min 升至 210℃，随后以 10℃/min 升至 290℃，保持 10min；不分流进样，不分流时间 1min；隔垫吹扫流速 3mL/min；载气：氦气（纯度为 99.999%），恒流模式，流速为 1.5mL/min；进样量：0.5μL。

（2）质谱条件 电子轰击（EI）电离模式，电离能 70eV；灯丝电流：35μA；离子源温度：230℃；四极杆温度：150℃；传输线温度：280℃；检测方式：SIM 模式。

五、烟草基质提取液的制备

将实验所用烟叶研磨成粉，过 40 目筛。准确称取 1.00g 样品于 50mL 具塞离心管中，加入 10mL 磷酸盐缓冲溶液使样品完全浸润，静置 20min；加入 10mL 乙腈，以 2500r/min 涡旋萃取 10min，随后放入-18℃的冰箱中冷冻 30min；取出后加入 4.00g 无水硫酸镁、1.00g 氯化钠并迅速剧烈摇晃，然后加入 5mL 二氯甲烷，再以 2500r/min 涡旋 10min，8000r/min 离心 3min，取上清液过 0.22μm 有机相滤膜后转移至储液瓶中备用。

六、GC-MS 方法

本研究初选了 31 种香味成分（表 3-2），种类包括醇、酚、醚、醛、酮、酯/内酯、烷烃、含氮化合物等，沸点范围为 162~360℃，覆盖了 GC 可测化合物的挥发性范围。接着建立了 31 种香味成分的 GC-MS 分析方法，包括保留时间（RT）、保留指数（RI）和 SIM 扫描离子。为了便于基质效应考察及分析物保护剂效果评价，这 31 种香味成分在所选的烟草样品中为未检出。

表 3-2 　　　　　　　　　　　**31 种香味成分的 GC/MS 参数**

编号	香味成分名称	沸点/℃	RT/min	RI	定量离子/ (m/z)	定性离子/ (m/z)
F1	2-甲基-5-(甲硫基) 呋喃	162	19.8	971	128	113
F2	糠基甲硫醚	175	21.2	999	128	81
F3	4-甲基-5-乙烯基噻唑	185	22.7	1026	125	124
F4	糠酸乙酯	196	24.0	1050	140	95
F5	2,3-二氢香豆酮	188	25.5	1080	120	119
F6	四氢芳樟醇	196	26.5	1099	73	111
F7	2,3-二甲基-4-羟基-2-戊烯酸内酯	60~80*	28.4	1135	83	55
F8	(5H)-5-甲基-6,7-二氢环戊基并 [b] 吡嗪	210	28.6	1141	119	134
F9	γ-庚内酯	226	29.1	1151	85	110
F10	3,4-二甲酚	227	31.1	1189	107	122
F11	辛酸乙酯	208	31.3	1195	101	127
F12	蒲勒酮	224	33.6	1242	152	81
F13	大茴香醛	248	34.3	1257	135	136
F14	茴香脑	235	35.8	1288	148	147
F15-1	茶螺烷-Ⅰ	254	36.5	1304	138	82
F16	5-甲基喹喔啉	245	36.9	1311	144	90
F15-2	茶螺烷-Ⅱ	254	37.2	1304	138	82
F17	α-甲基肉桂醛	255	37.6	1327	145	117
F18	香根酮	332	38.1	1338	119	91
F19	丁酸苯甲酯	241	38.5	1347	91	108
F20	乙酸香茅酯	259	38.5	1348	95	123
F21	δ-壬内酯	253	40.3	1388	99	114
F22	癸酸乙酯	243	40.5	1393	88	101
F23	异戊酸对甲酚酯	263	41.3	1411	108	107

续表

编号	香味成分名称	沸点/℃	RT/min	RI	定量离子/（m/z）	定性离子/（m/z）
F24	β-萘甲醚	274	43.2	1457	115	158
F25	异甲基-α-紫罗兰酮	285	44.0	1475	150	135
F26	异丁酸-3-苯基丙酯	292	45.5	1504	118	117
F27	丙烯基乙基愈创木酚	313	46.0	1524	149	178
F28	δ-十二内酯	295	53.1	1707	99	71
F29	苯乙酸对甲苯酯	360	58.0	1844	91	118
F30	δ-十四内酯	323	60.5	1920	99	114
F31	香紫苏内酯	321	64.2	2084	235	206
内标	己酸甲酯	150	17.3	922	74	87

注：＊压力为 133.3Pa 时的实验值。

七、香味成分在烟草提取液中的基质效应考察

考察了 31 种香味成分浓度分别为 5.0，1.0，0.2mg/L 时的基质效应，对比了各香味成分在烟草基质提取液中的峰高与溶剂（$V_{乙腈}$：$V_{二氯甲烷}=2:1$）中的色谱峰高[43]比，其中峰高以内标进行校准。香味成分色谱峰高比值（基质/溶剂）越接近于 1 说明基质效应越不明显。

当浓度为 5.0mg/L 时，所有香味成分均没有明显的基质效应，峰高比均在 1.0~1.1；当浓度为 1.0mg/L 时，有 18 种香味成分峰高比 1.0~1.1，13 种在 1.2~4.5；当浓度为 0.2mg/L 时，有 10 种香味成分峰高比在 1.0~1.1，而 21 种在 1.2~8.3。可以看出，香味成分浓度越低其受基质效应影响越明显。

特别地，当浓度为 0.2mg/L 时，有 21 种香味成分受基质效应影响比较明显，在溶剂中色谱峰响应较低、拖尾较严重；而在基质中色谱峰响应较高、峰形较好，分别为 3,4-二甲酚（F10）、大茴香醛（F13）、α-甲基肉桂醛（F17）、δ-壬内酯（F21）、β-萘甲醚（F24）、异丁酸-3-苯基丙酯（F26）、丙烯基乙基愈创木酚（F27）、δ-十二内酯（F28）、苯乙酸对甲苯酯（F29）和 δ-十四内酯（F30）。各化合物在纯溶剂和烟草基质提取液中

的色谱峰对比见表 3-3。

表 3-3 　　　31 种香味成分在溶剂和烟草基质提取液中的色谱峰对比

编号	RT/min	峰高比(基质/溶剂)	对称因子/溶剂	对称因子/基质	编号	RT/min	峰高比(基质/溶剂)	对称因子/溶剂	对称因子/基质
F1	19.8	1.14	1.70	1.52	F15-2	37.2	1.02	1.08	1.06
F2	21.2	1.01	1.36	1.33	F17	37.6	2.08	1.93	0.93
F3	22.7	1.09	1.60	1.21	F18	38.1	1.14	1.06	1.05
F4	24.0	1.17	1.59	1.03	F19	38.5	1.50	1.59	0.98
F5	25.5	0.99	1.17	1.12	F20	38.5	1.29	0.96	0.93
F6	26.5	1.07	1.18	1.04	F21	40.3	3.86	3.64	0.98
F7	28.3	1.21	1.17	1.08	F22	40.5	1.55	1.10	0.93
F8	28.6	1.07	1.26	1.17	F23	41.3	1.56	1.22	1.09
F9	29.1	1.39	1.46	1.10	F24	43.2	2.03	3.96	1.12
F10	31.1	2.78	2.06	1.02	F25	44.0	1.43	1.01	0.95
F11	31.3	1.16	1.01	0.94	F26	45.5	2.69	2.14	1.07
F12	33.6	1.22	1.07	1.06	F27	46.0	8.27	6.52	1.06
F13	34.3	2.51	4.78	1.10	F28	53.1	4.19	4.39	1.10
F14	35.8	1.40	1.26	1.11	F29	58.0	3.56	2.45	1.26
F15-1	36.5	1.02	0.99	0.98	F30	60.5	4.83	2.29	1.08
F16	36.9	1.34	1.10	1.17	F31	64.2	1.79	1.05	0.90

　　研究发现，香味成分的沸点越高（图 3-3 中横坐标从左往右，香味成分保留时间依次增加），其受基质效应影响的可能性越大。容易产生基质效应的香味成分涵盖了不同的种类（如酚、醚、醛、酯/内酯等），同种类香味成分间性质和结构又有一定的差别（如极性等），当分子结构中含有不饱和键或活泼氢时，香味成分受基质效应影响的可能性较大，如上述受基质效应较明显的 10 种香味成分。

八、组合分析物保护剂对香味成分色谱峰的影响

　　单一 AP 并不能对所有香味成分均具有显著的基质效应补偿效果，仅对出

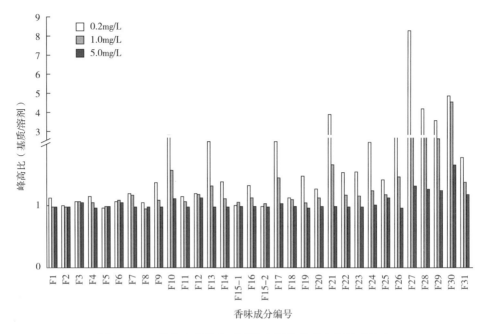

图 3-3　31 种香味成分在不同浓度烟草基质中的基质效应

峰前后一段保留时间内的成分具有较好保护作用，因此，需要对不同的 AP 进行组合。对比单一 AP 基质效应补偿作用显著的时间段，组合后保证能完全覆盖待测香味成分，并且不干扰其定性定量检测。

单一 AP 添加与否对比实验结果表明：在 21 种受基质效应影响的香味成分中，苹果酸对其中 17 种香味成分有显著的基质效应补偿作用，对 δ-十二内酯、苯乙酸对甲苯酯、δ-十四内酯和香紫苏内酯 4 种香味成分有一定的基质效应补偿作用，但未达到烟草基质匹配标准溶液中色谱峰峰高的 80%，而 1，2-十四碳二醇对这 4 种香味成分呈现显著的基质效应补偿作用，同时二者均不干扰待测香味成分的检测。因此，选择苹果酸+1，2-十四碳二醇作为组合 AP。

进一步考察了不同浓度的苹果酸+1，2-十四碳二醇（各为 200，500，1000mg/L）组合 AP 对香味成分的基质效应补偿作用。如图 3-4 所示，随苹果酸+1，2-十四碳二醇浓度的增加，其基质效应补偿效果越显著。当苹果酸和 1，2-十四碳二醇的浓度均为 1000mg/L 时，21 种香味成分的色谱峰峰高均达到烟草基质匹配标准溶液中对应色谱峰峰高的 80% 及以上。

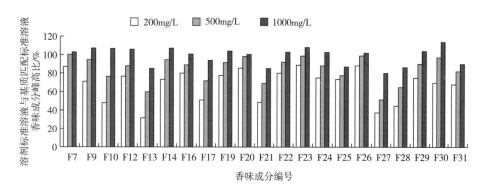

图 3-4　加入不同浓度 AP 组合的溶剂标准溶液与
基质匹配标准溶液中 21 种香味成分峰高比

九、分析物保护剂组合对烟草香味成分标准曲线的影响

对于 31 种香味成分，分别配制了其溶剂标准溶液、"溶剂标准+AP 组合"和烟草基质匹配标准溶液，三种溶剂体系下标准溶液浓度均为 5.0，2.0，1.0，0.5，0.2，0.1，0.05mg/L，AP 组合为苹果酸和 1,2-十四碳二醇（各 1mg/mL）。以各香味成分与内标的峰面积比对每种香味成分浓度做线性回归，得到 31 种香味成分在三种溶剂体系下的标准工作曲线，线性相关系数（r^2）见表 3-4。结果表明，在溶剂配制的混合标准溶液中添加苹果酸和 1,2-十四碳二醇（各 1mg/mL）后，标准工作曲线的线性得到了较大改善，31 种香味成分 r^2 均大于 0.99，其中 29 种香味成分 r^2 大于 0.999。图 3-5 以香味成分浓度为横坐标，以其相对响应（该化合物色谱峰面积与内标峰面积比）为纵坐标，比较了 β-萘甲醚、异丁酸-3-苯基丙酯和苯乙酸对甲苯酯在三种溶剂体系下的标准曲线。可以看出，这 31 种香味成分中有 15 种的溶剂标准曲线的 r^2 小于 0.99，线性较差，加入苹果酸和 1,2-十四碳二醇（各 1mg/mL）组合后，所有成分 r^2 均大于 0.99，其中 30 种成分 r^2 大于 0.999，标准曲线与基质匹配标准曲线基本一致。为进一步验证苹果酸和 1,2-十四碳二醇（各 1mg/mL）组合的基质效应补偿效果，选择了 14 种所选烟草样品中含有的香味成分，这 14 种烟草香味成分的保留时间和 SIM 扫描离子如表 3-5 所示。

表 3-4   31 种香味成分的溶剂标准、"溶剂标准+AP 组合"和

基质匹配标准曲线的线性相关系数（r^2）

编号	RT/min	r^2			编号	RT/min	r^2		
		溶剂	溶剂+AP 组合	基质			溶剂	溶剂+AP 组合	基质
F1	19.8	0.9994	0.9996	0.9998	F15-2	37.2	0.9944	0.9990	0.9995
F2	21.2	0.9992	0.9996	0.9998	F17	37.6	0.9806	0.9992	0.9994
F3	22.7	0.9974	0.9992	0.9991	F18	38.1	0.9906	0.9993	0.9993
F4	24.0	0.9980	0.9992	0.9995	F19	38.5	0.9949	0.9991	0.9993
F5	25.5	0.9990	0.9997	0.9996	F20	38.5	0.9836	0.9990	0.9979
F6	26.5	0.9916	0.9991	0.9996	F21	40.3	0.9901	0.9994	0.9994
F7	28.3	0.9901	0.9991	0.9995	F22	40.5	0.9829	0.9998	0.9989
F8	28.6	0.9971	0.9992	0.9993	F23	41.3	0.9886	0.9991	0.9995
F9	29.1	0.9931	0.9994	0.9997	F24	43.2	0.9883	0.9995	0.9992
F10	31.1	0.9818	0.9994	0.9994	F25	44.0	0.9602	0.9979	0.9993
F11	31.3	0.9914	0.9992	0.9996	F26	45.5	0.9626	0.9992	0.9991
F12	33.6	0.9791	0.9994	0.9994	F27	46.0	0.9385	0.9991	0.9990
F13	34.3	0.9766	0.9996	0.9990	F28	53.1	0.9333	0.9989	0.9991
F14	35.8	0.9902	0.9995	0.9991	F29	58.0	0.9286	0.9993	0.9995
F15-1	36.5	0.9937	0.9992	0.9995	F30	60.5	0.9050	0.9992	0.9997
F16	36.9	0.9901	0.9993	0.9997	F31	64.2	0.9511	0.9994	0.9999

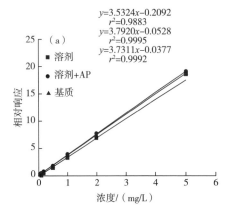

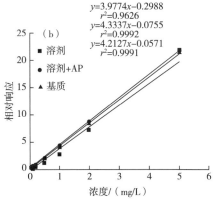

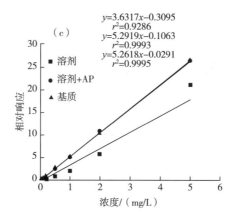

图 3-5　β-萘甲醚（a）、异丁酸-3-苯基丙酯（b）和
苯乙酸对甲苯酯（c）标准曲线的比较

表 3-5　　　　　14 种烟草香味成分的保留时间和 SIM 扫描离子

编号	烟草香味成分	CAS	RT/min	定量离子	定性离子
T1	柠檬烯	138-86-3	23.2	93	136
T2	2-乙酰吡咯	1072-83-9	24.8	94	109
T3	1-甲基-4-（1-甲基乙基）	1195-32-0	26.4	132	117
T4	苯乙醇	60-12-8	27.5	91	122
T5	5-甲基-2-吡咯甲醛	1192-79-6	27.9	109	108
T6	琥珀酰亚胺	123-56-8	28.3	99	56
T7	3-甲基-2-戊烯-5-内酯	2381-87-5	29.7	82	112
T8	对甲基苯乙酮	122-00-9	31.3	119	134
T9	水杨酸甲酯	119-36-8	31.6	120	152
T10	紫丁香醇	91-10-1	38.7	151	152
T11	β-大马酮	23726-93-4	40.3	111	137
T12	香兰素	121-33-5	41.0	101	284
T13	二氢猕猴桃内酯	15356-74-8	46.8	93	136
T14	棕榈酸乙酯	628-97-7	62.6	94	109

　　接着比较了其在溶剂标准溶液、"溶剂标准+AP 组合"和烟草基质匹配标准溶液三种溶剂体系下的标准曲线（标准溶液浓度均为 10.0，5.0，2.0，1.0，0.5，0.2，0.1，0.05mg/L）。如表 3-6，结果表明，AP 组合的加入对

烟叶中含有的 14 种香味成分标准曲线的线性有了较大改善，r^2 均在 0.99 及以上，且标准曲线与基质匹配标准曲线斜率比在 0.9~1.1，基质效应补偿效果良好。图 3-6 比较了紫丁香醇、香兰素和棕榈酸乙酯在三种溶剂体系下的标准曲线，相较溶剂标准曲线，线性得到了较大改善，且斜率与基质匹配标准曲线基本一致。

表 3-6　14 种烟草香味成分的溶剂标准、"溶剂标准+AP 组合"和
基质匹配标准曲线的对比

编号	RT/min	斜率比		r^2		
		基质/溶剂	基质/"溶剂+AP 组合"	溶剂	基质/"溶剂+AP 组合"	基质
T1	23.2	88%	98%	0.9984	0.9996	0.9992
T2	24.8	106%	102%	0.9907	0.9991	0.9996
T3	26.4	88%	100%	0.9973	0.9990	0.9992
T4	27.5	102%	98%	0.9933	0.9997	0.9997
T5	27.9	104%	101%	0.9902	0.9990	0.9994
T6	28.3	109%	104%	0.9928	0.9996	0.9997
T7	29.7	91%	104%	0.9978	0.9996	0.9998
T8	31.3	90%	99%	0.9980	0.9996	0.9998
T9	31.6	110%	96%	0.9887	0.9999	0.9999
T10	38.7	134%	94%	0.9431	0.9991	0.9998
T11	40.3	94%	98%	0.9877	0.9991	0.9995
T12	41.0	151%	105%	0.9574	0.9991	0.9998
T13	46.8	88%	99%	0.9965	0.9996	0.9995
T14	62.6	154%	102%	0.9321	0.9991	0.9998

十、分析物保护剂组合对烟草香味成分灵敏度的影响

如表 3-7，在溶剂标准溶液中加入 AP 组合后，31 种香味成分的检出限≤28.8ng/mL，定量限范围为 5.0~96.0ng/mL，比在溶剂中均有降低，灵敏度得到改善。而且烟草含有的 14 种香味成分的检出限、定量限同样显著降低（表 3-8）。

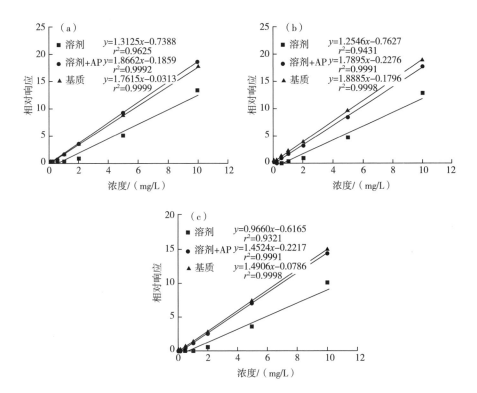

图 3-6　紫丁香醇（a）、香兰素（b）和棕榈酸乙酯（c）标准曲线的比较

表 3-7　　　　　　　　　　　31 种香味成分的检出限和定量限

编号	RT/min	检出限/（ng/mL）		定量限/（ng/mL）	
		溶剂	溶剂+AP	溶剂	溶剂+AP
F1	19.8	6.3	5.9	21.0	19.7
F2	21.2	8.2	6.5	27.3	21.7
F3	22.7	4.7	3.2	15.7	10.7
F4	24.0	13.9	9.5	46.3	31.7
F5	25.5	1.9	1.8	6.3	6.0
F6	26.5	4.4	2.6	14.7	8.7
F7	28.3	20.0	11.6	66.7	38.7
F8	28.6	4.6	3.4	15.3	11.3
F9	29.1	6.5	3.8	21.7	12.7
F10	31.1	14.9	7.2	49.7	24.0

续表

编号	RT/min	检出限/(ng/mL)		定量限/(ng/mL)	
		溶剂	溶剂+AP	溶剂	溶剂+AP
F11	31.3	55.5	18.1	185.0	60.3
F12	33.6	8.8	4.1	29.3	13.7
F13	34.3	16.5	7.2	55.0	24.0
F14	35.8	3.3	1.5	11.0	5.0
F15-1	36.5	9.3	6.5	31.0	21.7
F16	36.9	3.6	2.3	12.0	7.7
F15-2	37.2	13.8	10.3	46.0	34.3
F17	37.6	16.1	9.0	53.7	30.0
F18	38.1	4.5	2.7	15.0	9.0
F19	38.5	23.2	16.4	77.3	54.7
F20	38.5	19.0	13.3	63.3	44.3
F21	40.3	25.9	15.7	86.3	52.3
F22	40.5	10.4	4.0	34.7	13.3
F23	41.3	5.4	3.1	18.0	10.3
F24	43.2	23.0	12.5	76.7	41.7
F25	44.0	11.6	6.5	38.7	21.7
F26	45.5	10.3	5.1	34.3	17.0
F27	46.0	28.4	15.9	94.7	53.0
F28	53.1	26.8	14.3	89.3	47.7
F29	58.0	10.5	4.6	35.0	15.3
F30	60.5	21.5	9.2	71.7	30.7
F31	64.2	47.6	28.8	158.7	96.0

表 3-8   14 种烟草香味成分的检出限和定量限

编号	RT/min	检出限/(ng/mL)		检出限降低倍数	定量限/(ng/mL)		定量限降低倍数
		溶剂	溶剂+AP		溶剂	溶剂+AP	
T1	23.2	16.1	15.1	0.1	53.7	50.3	0.1
T2	24.8	26.1	17.6	0.5	87.0	58.7	0.5
T3	26.4	5.8	3.3	0.8	19.3	11.0	0.8

续表

编号	RT/min	检出限/（ng/mL）		检出限 降低倍数	定量限/（ng/mL）		定量限 降低倍数
		溶剂	溶剂+AP		溶剂	溶剂+AP	
T4	27.5	8.0	6.1	0.3	26.7	20.3	0.3
T5	27.9	19.0	8.2	1.3	63.3	27.3	1.3
T6	28.3	18.2	7.4	1.5	60.7	24.7	1.5
T7	29.7	20.1	7.9	1.5	67.0	26.3	1.5
T8	31.3	5.0	3.5	0.4	16.7	11.7	0.4
T9	31.6	46.1	3.8	11.1	153.7	12.7	11.1
T10	38.7	35.6	5.0	6.1	118.7	16.7	6.1
T11	40.3	15.1	11.0	0.4	50.3	36.7	0.4
T12	41.0	16.5	6.3	1.6	55.0	21.0	1.6
T13	46.8	16.6	9.7	0.7	55.3	32.3	0.7
T14	62.6	32.3	20.6	0.6	107.7	68.7	0.6

十一、分析物保护剂组合对烟草香味成分回收率的影响

对 31 种香味成分做了添加回收实验，在烟草基质提取液中分别添加了标准香味成分 200，1000，5000μg/kg，在低、中、高三个水平下进行了验证，其加标回收率见表 3-9。在溶剂标准溶液中，在低、中、高三个添加水平下的回收率范围分别为：93.8%~247.0%、90.5%~204.5%、91.6%~123.2%；和溶剂标准溶液相比，加了 AP 组合的溶剂标准溶液在三个添加水平下均有良好改善，当添加量分别为 200，1000，5000μg/kg 时，其回收率在可接受的范围内，分别为 90.8%~120.5%、92.9%~113.0%、97.1%~112.8%。

表 3-9　　　　　　　　31 种香味成分的回收率

编号	RT/min	回收率/%					
		200μg/kg		1000μg/kg		5000μg/kg	
		溶剂	溶剂+AP	溶剂	溶剂+AP	溶剂	溶剂+AP
F1	19.8	108.5	100.9	98.7	96.9	100.5	99.9
F2	21.2	102.2	99.5	90.5	95.5	101.2	100.7
F3	22.7	111.0	103.2	98.3	99.2	103.3	102.0
F4	24.0	106.1	103.1	95.5	96.6	97.6	101.4

续表

编号	RT/min	回收率/%					
		200μg/kg		1000μg/kg		5000μg/kg	
		溶剂	溶剂+AP	溶剂	溶剂+AP	溶剂	溶剂+AP
F5	25.5	93.8	96.0	102.9	103.0	91.6	97.8
F6	26.5	120.6	102.4	107.7	104.0	105.3	103.6
F7	28.3	115.5	96.5	114.2	107.6	106.6	98.9
F8	28.6	101.7	98.8	105.7	102.9	103.0	99.0
F9	29.1	120.8	108.5	98.3	106.3	105.4	100.6
F10	31.1	148.3	120.5	135.3	112.1	123.2	112.8
F11	31.3	109.9	106.5	93.5	102.2	105.6	97.3
F12	33.6	126.4	111.7	106.6	98.4	109.2	100.7
F13	34.3	133.7	101.5	107.9	98.7	111.0	104.5
F14	35.8	115.7	95.3	110.8	94.4	106.3	100.7
F15−1	36.5	102.5	102.7	93.8	100.5	105.4	104.8
F16	36.9	114.8	97.5	98.1	103.9	106.4	97.5
F15−2	37.2	120.5	104.5	107.3	101.4	105.1	97.1
F17	37.6	135.3	109.3	110.8	102.1	108.5	106.5
F18	38.1	112.5	105.0	96.9	101.8	105.8	97.7
F19	38.5	113.3	103.6	97.7	100.7	103.5	97.1
F20	38.5	111.6	103.9	92.7	100.4	107.9	101.9
F21	40.3	135.7	107.9	112.5	101.5	104.8	106.0
F22	40.5	118.4	90.8	112.0	92.9	107.7	100.4
F23	41.3	118.9	106.5	99.4	102.3	106.7	97.3
F24	43.2	127.0	109.2	106.6	104.9	106.3	98.8
F25	44.0	152.3	115.9	128.2	111.2	114.3	107.6
F26	45.5	132.7	107.1	107.6	103.1	111.5	99.2
F27	46.0	175.6	109.4	149.5	98.7	117.3	107.5
F28	53.1	167.9	112.7	147.9	113.0	118.8	112.7
F29	58.0	180.6	104.7	148.3	97.9	117.6	101.1
F30	60.5	247.0	105.8	204.5	105.2	107.8	98.1
F31	64.2	177.3	112.3	141.9	104.4	115.4	105.0

接着对 14 种烟草香味成分做了添加回收实验，在烟草基质提取液中分别添加了标准香味成分 200，1000，5000μg/kg，在低、中、高三个水平下进行了验证，其加标回收率见表 3-10。和溶剂标准溶液相比，添加 AP 组合的溶剂标准溶液在三个添加水平下均有良好改善，当添加量分别为 200，1000，5000μg/kg 时，回收率在可接受的范围内，分别为 89.3%~108.0%、92.9%~101.9%、97.0%~105.0%。

表 3-10　　　　　　　　　14 种烟草香味成分的回收率

| 编号 | RT/min | 回收率/% | | | | | |
| | | 200μg/kg | | 1000μg/kg | | 5000μg/kg | |
		溶剂	溶剂+AP	溶剂	溶剂+AP	溶剂	溶剂+AP
T1	23.2	108.9	98.0	91.5	97.0	90.7	97.0
T2	24.8	94.6	96.1	96.0	97.5	103.3	105.0
T3	26.4	79.9	94.5	82.7	92.9	91.2	98.0
T4	27.5	129.1	108.0	104.0	100.4	103.4	99.9
T5	27.9	107.7	101.7	106.2	101.9	115.6	100.9
T6	28.3	117.1	89.3	115.1	94.5	101.1	100.4
T7	29.7	87.8	93.5	91.4	93.9	96.3	99.0
T8	31.3	90.5	93.5	91.8	95.4	95.9	99.0
T9	31.6	106.5	95.5	103.5	96.5	109.6	101.3
T10	38.7	95.7	97.3	117.9	98.0	132.2	99.6
T11	40.3	105.1	96.9	106.1	97.6	108.1	101.6
T12	41.0	148.0	92.1	157.8	98.2	174.9	104.9
T13	46.8	87.4	94.7	87.6	94.9	89.8	97.4
T14	62.6	160.5	96.0	168.5	101.0	150.6	97.0

第 4 节　本书编写人员对基质效应产生原因、补偿及评价方法的观点

在进行实际样品测试时，引入基质是不可避免的。基质差异在许多行业中是最重要的误差来源之一，但又是最易忽视的分析测量中的误差来源。基质的影响会对所提出方法的准确性产生强烈的影响，因此，在分析方法验证和确认时必须进行基质效应考察，并采用合适技术补偿基质效应，以期所用

分析方法获得令人满意的性能指标。

基质效应的产生往往是多变和不可预见的。某些技术和系统（如 HPLC-UV、同位素稀释）本质上很少受到基质效应影响，一些测定系统（例如，GC、LC-MS、ELISA、顶空分析、SPME）对某些分析物的响应可能受到样品基质中共提取物的影响。基质效应产生的根本起因是不能消除的，由于根本起因仍然存在，影响的强度可能对每个基质或样品都不相同，也因基质"浓度"而异。此外，分析物的化学结构及性质、分析物的浓度、色谱条件、质谱参数等均会对基质效应强度产生较大影响。

为了保证分析测定结果的准确性，应根据不同分析对象（样品基质、分析物），采用不同技术补偿基质效应。基质净化法和进样技术改进法可减小基质效应，但不能有效消除和补偿基质效应。同位素内标法是一种比较理想的补偿基质效应的方法，可以有效解决基质效应，然而因为同位素内标物价格较高，尤其当待分析物种类较多时，使用同位素内标法成本很高，限制了在实际分析工作中的应用。采用基质匹配标准溶液校正法被认为是首选的定量方法，前提是能够获得与样品组成相匹配的空白基质。基质匹配校准在农残分析领域使用较多。然而在待分析物为"内源性"物质时，如香味成分分析，由于无法获得空白基质样品，采用基质匹配校准是不可行的。标准加入法是基质匹配校准的另一个替代方法。这种方法需要假设预先知道样品中靶标物的浓度，以便加入近似量的靶标物。在气相分析中使基质效应最小化的方法是将分析保护剂加入样品提取液和校准溶液中，使其产生相同的基质效应。在选择合适分析保护剂时，需要考虑分析保护剂在待测溶液中的溶解性、是否干扰待测物的检测等问题。

第4章
准确度相关规定及评价方法

第1节　方法准确度评价要求

一、相关 ISO 标准对准确度的描述与规定

ISO 5725-1：2023《测量方法与结果的准确度（正确度与精密度）第 1 部分：总则与定义》对准确度的描述与规定如下。

（1）在 ISO 5725-1：2023 中，用两个术语"正确度"与"精密度"来描述一种测量方法的准确度。正确度指大量测试结果的（算术）平均值与真值或接受参照值之间的一致程度；而精密度指测试结果之间的一致程度。

（2）考虑精密度的原因主要是假定在相同的条件下对同一或认为是同一的物料进行测试，一般不会得到相同的结果。这是因为在每个测量程序中不可避免地会出现随机误差，而那些影响测量结果的因素并不能完全被控制在对测量数据进行实际解释过程中，所以必须考虑这种变异。例如，测试结果与规定值之间的差可能在不可避免的随机误差范围内，在此情形，测试值与规定值之间的真实偏差是不能确定的。类似的，当比较两批物料的测试结果时，如果它们之间的差异来自测量程序中的内在变化，则不能表示这两批物料的本质差别。

（3）如下因素（除假定相同样品之间的差异外）能够引起测量方法的结果变异：

①操作员；

②使用的设备；

③设备的校准；

④环境（温度、湿度、空气污染等）；

⑤不同测量的时间间隔。

由不同操作员所做的测量和在不同设备上进行的测量通常要比在短时间内由同一个操作员使用相同的设备进行测量产生的变异大。

（4）描述重复测量结果之间的变异的一般术语是精密度。精密度的两个条件，即重复性和再现性条件对很多实际情形是必需的，对描述测量方法的变异是有用的。在重复性条件下，上面所列的因素①到⑤皆保持不变，不产生变异；而在再现性条件下，它们是变化的，能引起测试结果的变异。因此，重复性和再现性是精密度的两个极端情况：重复性描述变异最小情况，而再现性则描述变异最大情形。当因素①到⑤的一个或多个允许变化时，位于精密度的上述两个条件的其他中间条件也是可以想象的，它们可用于某些特定的环境。精密度通常用标准差表示。

（5）当已知或可以推测所测量特性的真值时，测量方法的正确度为人们所关注。尽管对某些测量方法，可能不会确切知道真值，但有可能知道所测量特性的一个接受参照值。例如，可以使用适宜的标准物料或者通过参考另一种测量方法或准备一个已知的样本来确定该接受参照值。通过把接受参照值与测量方法给出的结果水平进行比较就可以对测量方法的正确度进行评定。正确度通常用"偏倚"来表示，例如，在化学分析中，如果所用的测量方法不能测出某种元素的全部，或者由于一种元素的存在而干扰了另一种元素的测定，就会产生偏倚。

（6）ISO 5725 中使用的一般术语"准确度"，既包含正确度也包含精密度。

"准确度"这一术语在过去一段时间只用来表示现在称正确度的部分。但是对很多人来说，它不仅包括测试结果对参照（标准）值的系统影响，也应包括随机的影响。

很长时间以来，术语"偏倚"一直被限制用于统计问题，由于它在某些领域中（如医学界和法律界）曾经引起过哲学上的异议，因此，引进术语"正确度"似更强调其正面含义。

(一) 准确度相关术语

下面将与准确度相关的术语定义逐一列出，以便读者更好地理解准确度概念。

（1）观测值（observed value） 为一次观测结果而确定的特性值。

（2）测试结果（test result） 为用规定的测试方法所确定的特性值。

注：测试方法宜指明观测是一个还是多个，报告的测试结果是观测值的平均数还是其他函数（例如，中位数或标准差）。测试结果可以要求按适用的标准进行修正，如气体容积按标准温度和压力进行修正。因此，一个测

试结果可以是通过几个观测值计算的结果。在最简单情形，测试结果即为观测值本身。

（3）精密度试验的测试水平（level of the test in a precision experiment）对某测试物料或试样，所有实验室测试结果的总平均值。

（4）精密度试验单元（cell in a precision experiment）　由一个实验室在单一水平获得的测试结果。

（5）接受参照值（accepted reference value）　为用作比较的经协商同意的标准值，有如下来源：

①基于科学原理的理论值或确定值；

②基于一些国家或国际组织的实验工作的指定值或认证值；

③基于科学或工程组织赞助下合作实验工作中的同意值或认证值；

④当①，②，③不能获得时，则用（可测）量的期望，即规定测量总体的平均值。

（6）准确度（accuracy）　为测试结果与接受参照值间的一致程度。

注：术语准确度，当用于一组测试结果时，由随机误差分量和系统误差即偏倚分量组成。

（7）正确度（trueness）　为由大量测试结果得到的平均数与接受参照值间的一致程度。

注：正确度的度量通常用术语"偏倚"表示。准确度曾被称为"平均数的准确度"，这种用法不被推荐。

（8）偏倚（bias）　为测试结果的期望与接受参照值之差。

注：与随机误差相反，偏倚是系统误差的总和。偏倚可能由一个或多个系统误差引起。系统误差与接受参照值之差越大，偏倚就越大。

（9）实验室偏倚（laboratory bias）　为一个特定的实验室的测试结果的期望与接受参照值之差。

（10）测量方法偏倚（bias of the measurement method）　为所有采用该方法的实验室所得测试结果的期望与接受参照值之差。

注：实际操作中的例子，如测量某化合物中硫的含量，由于测量方法不可能提尽所有的硫，因此，该测量方法将有一个负的偏倚。对很多使用相同方法的不同实验室得到的测试结果求平均值，就可用来测定该测量方法的偏倚，测量方法的偏倚在不同水平下可以是不同的。

（11）偏倚的实验室分量（laboratory component of bias） 为实验室偏倚与测量方法偏倚之差。

注：偏倚的实验室分量是针对特定实验室和实验室所具有的测量条件的，在不同的测试水平下也可以是不同的。偏倚的实验室分量与测试结果的总平均值有关，而与真值或标准值无关。

（12）精密度（precision） 为在规定条件下，独立测试结果间的一致程度。

注：精密度仅仅依赖于随机误差的分布而与真值或规定值无关。精密度的度量通常以不精密度表达，其量值用测试结果的标准差来表示，精密度越低，标准差越大。

独立测试结果指的是对相同或相似的测试对象所得的结果不受以前任何结果的影响。精密度的定量严格依赖于规定的条件，重复性和再现性条件为其中两种极端情况。

（13）重复性（repeatability） 为在重复性条件下的精密度。

（14）重复性条件（repeatability conditions） 为在同一实验室，由同一操作员使用相同的设备，按相同的测试方法，在短时间内对同一被测对象相互独立进行的测试条件。

（15）重复性标准差（repeatability standard deviation） 为在重复性条件下所得测试结果的标准差。

注：重复性标准差是重复性条件下测试结果分布的分散性的度量。类似地可定义"重复性方差"与"重复性变异系数"，作为重复性条件下测试结果分散性的度量。

（16）重复性限（repeatability limit） 指一个数值，在重复性条件下，两个测试结果的绝对差小于或等于此数的概率为95%。重复性限用 r 来表示。

（17）再现性（reproducibility） 为在再现性条件下的精密度。

（18）再现性条件（reproducibility conditions） 为在不同的实验室，由不同的操作员使用不同设备，按相同的测试方法，对同一被测对象相互独立进行的测试条件。

（19）再现性标准差（reproducibility standard deviation） 为在再现性条件下所得测试结果的标准差。

注：再现性标准差是再现性条件下测试结果分布的分散性的度量。类似

地可定义"再现性方差"与"再现性变异系数",作为再现性条件下测试结果分散性的度量。

（20）再现性限（reproducibility limit）　指一个数值,在再现性条件下,两个测试结果的绝对差小于等于此数的概率为 95%。再现性限用符号 R 表示。

（21）离群值（outlier）　为样本中的一个或几个观测值,它们离其他观测值较远,暗示它们可能来自不同的总体。

注:ISO 5725-2:1994 规定了在正确度和精密度试验中,用来识别离群值的统计检验和显著性水平。

（22）协同评定试验（collaborative assessment experiment）　指一种实验室间的试验,在这样的试验中,用相同的标准测量方法对同一物料进行测试,以评定每个实验室的水准。

注:在重复性限和再现性限中给出的定义适用于观测值为连续变化的情形,如果测试结果是离散的或经过修约的,那么前面所定义的重复性限和再现性限是满足以下条件值的最小值;两个测试结果差的绝对值小于等于该值的概率至少为 95%。

由（8）~（11）,（15）（16）（19）（20）中所给的定义的诸量,指的都是实际中未知的理论值,实际确定重复性和再现性标准差及偏倚时用 ISO 5725-2:1994 和 ISO 5725-4:2020 中所描述的试验,用统计语言说是这些理论值的估计值,因此会有误差。例如,与 r 和 R 相关的概率水平不会正好等于 95%。当很多实验室参与一个精密度试验时,这些概率水平将近似等于 95%,但是当参与精密度试验的实验室数目少于 30 个时,概率水平可能偏离 95% 较远。这是不可避免的,但是也不要过于低估它们的实际效用,因为设计它们的原意就是要作为一种工具,用来判断试验结果之间的差别是否由测量方法的随机不确定因素造成的。比重复性限 r 和再现性限 R 大的差值应该引起关注。

符号 r 和 R 有其他含义;例如在 ISO 3534-1:2006 中 r 表示相关系数,R（或 W）表示一组观测值的极差。如果有可能产生误解,特别是在标准中引用时,宜使用全称重复性限 r 或再现性限 R,这样不致引起混淆。

(二)　准确度试验有关定义

ISO 5725-1:2023 规定了准确度试验定义的实际含义。

（1）标准测量方法　为使测量按同样的方法进行,测量方法应标准化。所有测量都应该根据规定的标准方法进行。这意味着必须要有一个书面的文件，规定进行测量的所有细节，最好还要包括如何获得和准备试样的内容。

有关测量方法文件的存在意味着有一个负责研究测量方法机构的存在。

（2）准确度试验 准确度（正确度和精密度）的度量宜由参加试验的实验室报告的系列测试结果确定。由为此专门设立的专家组组织所有测试。

这样一个不同实验室间的试验称为准确度试验。准确度试验根据其限定目标也可称为精密度试验或正确度试验。如果目标是确定正确度，那么应事先或同时进行精密度试验。

通过这种试验得到的准确度的估计值，宜指明所用的标准测量方法，且结果仅在所用的方法下才有效。

准确度试验通常可以认为是一次标准测量方法是否适合的实际测试。标准化的主要目标之一就是要尽可能估计用户（实验室）之间的差异，由准确度试验提供的数据将会揭示这个目标是如何有效取得的。实验室内方差或实验室均值之间的差异可能表明标准测量方法还不够详细，可以进一步改进。如果这样，宜将问题报告给标准化团体以便进一步调查。

（3）同一测试对象 在一个准确度试验中，规定物料或规定产品的样本从一个中心点发往位于不同地点、不同国家，甚至不同洲的许多实验室。重复性条件的定义指出在这些实验室中进行的测量应该对同一测试对象，并在实际同一时段内进行。为此应满足以下两个不同的条件：

①分送各实验室的样本应该是相同的；

②样本在运输过程和在实际测试前所耗费的时间一致。

在组织精确度试验中，要仔细考察这两个条件是否得到满足。

（4）短暂的时间间隔 根据重复性条件的定义，确定重复性必须在恒定的操作条件下进行，即在整个测量时间段内，在本节一（3）中所列的那些因素必须保持不变。特别是设备在两次测量之间不应重新校准，除非校准是单个测量中基本的组成部分。在实际中，在重复性条件下进行的试验宜在尽可能短的时间间隔内进行，以便使那些不能保证总是不变的因素变化最小，比如环境因素。

影响不同观测之间时间间隔的另一因素是测试结果的独立性假定。为避免前面的测试结果可能会影响后面的测试结果（从而可能低估重复性方差），就有必要按以下方式提供样本：操作员根据样品编号不知道哪些样品是相同的；指示操作员按一定观测顺序操作，而顺序是随机的，以使所有的"同一"测试对象的测试不会一起进行。这也许意味着违背了重复测量应在一个短的时间段内完成的初衷，除非全部测量能在一个很短的时间间隔内完成。

（5）参与的实验室　ISO 5725 的一个基本假定是对一个标准测量方法而言，重复性对使用这个标准测量方法的每个实验室应该或至少是近似相同的，这样可以建立一个共同的平均重复性标准差，它适用于任何实验室。然而，每个实验室在重复性条件下进行一系列观测时，都能就该测量方法得到一个自己的重复性标准差的估计值，并可据此与共同的标准差的值来校核该估计值。ISO 5725-6：1994 详细地讨论了这种方法。

在本节二（8）~（20）中定义的量，理论上适用于使用所述测量方法的所有实验室。但在实际上，它们是根据这个实验室总体的一个样本来确定的。当参加试验的实验室数及测量数都达到规定的数量时，所获得的正确度与精密度的估计值即可满足要求。然而，如果将来某一时间，有证据表明参加测试的实验室不能或不再能真正代表所有使用该标准测量方法的实验室，那么测量就需要重新进行。

（6）观测条件　使在一个实验室内获得的观测值产生变异的因素包括时间、操作员与设备等。在不同时间进行测试时，环境条件的改变及设备的重新校准等都会使观测值受到影响。在重复性条件下，观测值是在所有这些因素不变的情况下取得的；在再现性条件下，观测值是在不同的实验室获得的，由于实验室的不同，不仅所有其他因素会发生改变，而且由于在两个实验室之间的管理和维护以及观测值的稳定性检查等诸多方面的差异也会对结果产生不同的影响。

有时也有必要考虑中间精密度条件，即观测值是在相同的实验室获得，但是允许时间、操作员或设备中的一个或几个因素发生改变。在确定测量方法的精密度时，很重要的一点就是要规定观测条件，即上述时间、操作员和设备这三个因素哪些不变，哪些改变。

此外，这三个因素所引起的差异的数值大小也与测量方法有关。例如，在化学分析中，"操作员"和"时间"是主要因素；微量分析中，"设备"和"环境"是主要因素；而在物理测试中，"设备"和"校准"是主要因素。

（7）基本模型　为估计测量方法的准确度（正确度和精密度），假定对给定的受试物料，每个测试结果 y 是三个分量的和：

$$y = m + B + e \tag{4-1}$$

式中　m——总平均值（期望）；

　　　B——重复性条件下偏倚的实验室分量；

　　　e——重复性条件下每次测量产生的随机误差。

①总平均值 m。总平均值 m 是测试水平；一种化学品或物料的不同成分的样品（例如，不同类型的钢材）对应着不同的水平。在很多技术场合，测试水平仅由测量方法确定，独立真值的概念并不适用。然而，在某些情况下，受试特性的真值 μ 的概念仍可使用，例如，一种正在滴定溶液的真正浓度。总平均值 m 未必与真值 μ 相等。

在检查用相同测量方法获得的测试结果间的差异时，测量方法的偏倚不会对其产生影响，因此可以忽略。然而，当把测试结果和一个在检测合同中或标准中规定的值进行比较时，其中合同或标准中指的是真值 μ 而不是测试水平 m，或者比较不同的测量方法得到的结果时，必须考虑测量方法的偏倚。如果存在一个真值，并且可以获得满意的参照物，那么就应该用 ISO 5725-4：2020 中的方法确定测量方法的偏倚。

②分量 B。在重复性条件下进行的任何系列测试中，分量 B 可以认为是常数，但是在其他条件下进行的测试，分量 B 则会不同。当只对两个相同的试验室比较测试结果时，有必要确定它们相应的偏倚，通过准确度试验测定各自的偏倚，或通过在它们之间专门的试验确定。然而，若对不特别指定的两个实验室之间差异进行一般性的描述，或者对两个还没有确定各自偏倚的实验室进行比较时，必须考虑偏倚的实验室分量的分布，这就是引入再现性概念的理由。在 ISO 5725-2：1994 中给出的程序，是在假定偏倚的实验室分量是近似正态分布情况下得到的，但在多数实际情形只需假定分布为单峰的即可。

B 的方差称为实验室间方差，可用式（4-2）表示：

$$\mathrm{var}(B) = \sigma_{\mathrm{L}}^2 \tag{4-2}$$

其中 σ_{L}^2 包含操作员间和设备间的变异。

在 ISO 5725-2：1994 中描述的基本精密度试验中，这些分量没有被拆分。在 ISO 5725-3：1994 中给出了测量 B 的某些随机分量的大小的方法。

通常，B 可以看作为随机分量和系统分量之和。与 B 有关的因素包括不同的气候条件、制造者允许的设备差异，甚至包括由于操作员在不同地点接受培训所引起的技术上的差异等。

③误差项 e。误差项表示每个测试结果都会发生的随机误差。在 ISO 5725 中，所有程序是在假定误差分布近似为正态分布的情况下得出的，但是在多数实际情形只需假定为单峰的即可。

在重复性条件下单个实验室内的方差称为实验室内方差，用式（4-3）表示：

$$\text{var}(e) = \sigma_{\text{w}}^2 \qquad (4-3)$$

由于诸如操作员的操作技巧等方面的差异，不同实验室的 σ_{w}^2 可能不同，但 ISO 5725 假定对一般的标准化测量方法，实验室之间的这种差异是很小的，可以对所有使用该测量方法的实验室设定一个对每个实验室都相等的实验室内方差。该方差称为重复性方差，它可以通过实验室内方差的算术平均值来进行估计，可按式（4-4）计算：

$$\sigma_{\text{r}}^2 = \overline{\text{var}(e)} = \overline{\sigma_{\text{w}}^2} \qquad (4-4)$$

上式中的算术平均值是在剔除了离群值后对所有参加准确度试验的实验室计算的。

（8）基本模型和精密度的关系　当采用上述基本模型时，重复性方差可以直接作为误差项 e 的方差，但再现性方差为重复性方差和实验室间方差之和。作为精密度度量的两个量如下。

重复性标准差：

$$\sigma_{\text{r}} = \sqrt{\text{var}(e)} \qquad (4-5)$$

再现性标准差：

$$\sigma_{\text{R}} = \sqrt{\sigma_{\text{L}}^2 + \sigma_{\text{r}}^2} \qquad (4-6)$$

（9）准确度试验的计划　估计一个标准测量方法的精密度和（或）正确度试验的具体安排应是熟悉该测量方法及其应用的专家组的任务。专家组中至少应该有一个成员具有统计设计和试验分析方面的经验。

设计试验时要考虑以下问题：

①该测量方法是否有一个令人满意的标准？

②宜征集多少实验室来协作进行试验？

③如何征集实验室？这些实验室应满足什么要求？

④在实际中什么是测试水平的变化范围？

⑤在试验中宜使用多少个测试水平？

⑥什么样的物料才能表达这些测试水平？如何准备受试物料？

⑦宜规定多少次重复？

⑧完成所有这些测量宜规定多长时间？

⑨基本模型是否适宜？是否需要考虑修改？

⑩需要什么特别的预防措施来确保同一物料在所有的实验室、在相同的状态下进行测量？

（三）设计试验需考虑的问题

1. 标准测量方法

如同在（29）中指出的那样，所考察的测量方法应是一个标准化的方法。这样一个方法应是稳健的，即测量过程中的微小变动不会对测量结果产生意外的大变动。若测量过程真有较大的变化，应有适当的预防措施或发出警告。在制定一个标准测量方法时，应该尽一切努力消除或减少偏倚。

也可以用一些相似的测试程序来对已经建立的测量方法和最新标准化的测量方法的正确度和精密度进行测试。在后一种情况下，所得到的结果宜被看作初始估计值，因为正确度和精密度随着实验室经验的积累而改变。

建立测量方法的文件应该是明确的和完整的。所有涉及该程序的环境、试剂和设备、设备的初始检查以及测试样本的准备等都应该包括在测量方法中，这些方法尽可能地参考其他对操作员有用的书面说明。说明宜精确列出测试结果和计算方法以及应该报告的有效数字位数。

2. 准确度试验的实验室选择

（1）实验室的选择　从统计的观点来看，那些参加估计准确度的实验室宜从所有使用该测量方法的实验室中随机选取。自愿参加的实验室可能不代表实验室的实际组成。然而，其他考虑因素，比如要求参加的实验室应该分布在不同的洲或不同的气候地域等可能对代表性模式产生影响。

参加的实验室应该不仅由那些在对该测量方法进行标准化过程中已获得专门经验的实验室组成，也宜由那些特别的"标准"实验室组成，这些"标准"实验室是专家用该方法演示准确度而确定的。

需要征集参加协同实验室间测试的实验室个数，每个实验室在每个测试水平需要进行的测试结果个数是有关的。

（2）估计精密度所需实验室数

①式（4-2）~式（4-6）中符号 σ 表示的诸量是未知的标准差真值，精密度试验的目标之一就是对其进行估计。当可对标准差真值 σ 求得估计值 s 时，可以得到关于 σ 的范围的结论，即估计值 s 期望所在的范围。这是一个熟知的统计问题，可通过 χ^2 分布和 s 的估计值所基于的测试结果数目得到解决，可按式（4-7）计算：

$$P\left(-A < \frac{s - \sigma}{\sigma} < +A \right) = P \tag{4-7}$$

以 A 表示标准值估计值不确定度的系数，常用百分数来表示。式（4-7）表示可以预期标准差的估计值 s 位于标准差真值（σ） A 倍的两侧的概率为 P。

②对单一测试水平，重复性标准差的不确定度依赖于实验室数 p 和每个实验室内的测试结果数 n。对再现性标准差，其估计程序较为复杂，因为再现性标准差由两个标准差所确定［见式（4-6）］。此时需要另一个因子 γ，它表示再现性标准差对重复性标准差之比：

$$\gamma = \sigma_R / \sigma_r \tag{4-8}$$

③下面给出计算概率水平为95%下 A 值的一个近似式。此式的目的是计算所需征集实验室数，并确定每个实验室在每个测试水平所需的测试结果数。这些等式没有给出置信限，因此，在计算置信限的分析阶段不宜使用。A 的近似公式如式（4-9）、式（4-10）：

对重复性，

$$A = A_r = 1.96 \sqrt{\frac{1}{2p(n - 1)}} \tag{4-9}$$

对再现性，

$$A = A_R = 1.96 \sqrt{\frac{p[1 + n(\gamma^2 - 1)]^2 + (n - 1)(p - 1)}{2\gamma^4 n^2 (p - 1)p}} \tag{4-10}$$

注：可以假定具有 v 个自由度和期望值 σ^2 的样本方差近似服从正态分布，其方差为 $2\sigma^4 / v$，式（4-9）和式（4-10）是在这个假定下得出的。通过精确的计算可检验上述近似公式。

④γ 值是未知的，通常可利用在该测量方法标准化过程中获得的实验室内标准差和实验室间标准差得到它的初步估计。表4-1给出了实验室数为 p，每

个实验室的不同测试结果数为 n 时，重复性标准差和再现性标准差不确定度系数的精确值（以百分数表示）。

表 4-1　　　　重复性标准差和再现性标准差估计值的不确定度系数

实验室数 p	A_r			A_R								
				$\gamma = 1$			$\gamma = 2$			$\gamma = 3$		
	$n=2$	$n=3$	$n=4$	$n=2$	$n=3$	$n=4$	$n=2$	$n=3$	$n=4$	$n=2$	$n=3$	$n=4$
5	0.62	0.44	0.36	0.46	0.37	0.32	0.61	0.58	0.57	0.68	0.67	0.67
10	0.44	0.31	0.25	0.32	0.26	0.22	0.41	0.39	0.38	0.45	0.45	0.45
15	0.36	0.25	0.21	0.26	0.21	0.18	0.33	0.31	0.30	0.36	0.36	0.36
20	0.31	0.22	0.18	0.22	0.18	0.16	0.28	0.27	0.26	0.31	0.31	0.31
25	0.28	0.20	0.16	0.20	0.16	0.14	0.25	0.24	0.23	0.28	0.28	0.27
30	0.25	0.18	0.15	0.18	0.15	0.13	0.23	0.22	0.21	0.25	0.25	0.25
35	0.23	0.17	0.14	0.17	0.14	0.12	0.21	0.20	0.19	0.23	0.23	0.23
40	0.22	0.16	0.13	0.16	0.13	0.11	0.20	0.19	0.18	0.22	0.22	0.22

（3）估计偏倚所需的实验室数

①测量方法的偏倚 δ 可由式（4-11）估计：

$$\delta = \bar{\bar{y}} - \mu \tag{4-11}$$

式中　$\bar{\bar{y}}$——所有实验室对特定的测试水平所得到的所有测试结果的总平均值；

　　　 μ——真值。

该估计值的不确定度可由式（4-12）表达：

$$P(\delta - A\sigma_R < \delta < \delta + A\sigma_R) = 0.95 \tag{4-12}$$

上式表示这个估计值距测量方法偏倚的真值不超过 $A\sigma_R$ 的概率为 0.95。利用系数 γ［见式（4-8）］可得：

$$A = 1.96\sqrt{\frac{n(\gamma^2 - 1) + 1}{\gamma^2 pn}} \tag{4-13}$$

A 的值由表 4-2 给出。

表 4-2　　　　　　　　　　测量方法偏倚的估计值的不确定度系数 A

实验室数 p	$\gamma=1$			$\gamma=2$			$\gamma=3$		
	$n=2$	$n=3$	$n=4$	$n=2$	$n=3$	$n=4$	$n=2$	$n=3$	$n=4$
5	0.62	0.51	0.44	0.82	0.80	0.79	0.87	0.86	0.86
10	0.44	0.36	0.31	0.58	0.57	0.56	0.61	0.61	0.61
15	0.36	0.29	0.25	0.47	0.46	0.46	0.50	0.50	0.50
20	0.31	0.25	0.22	0.41	0.40	0.40	0.43	0.43	0.43
25	0.28	0.23	0.20	0.37	0.36	0.35	0.39	0.39	0.39
30	0.25	0.21	0.18	0.33	0.33	0.32	0.35	0.35	0.35
35	0.23	0.19	0.17	0.31	0.30	0.30	0.33	0.33	0.33
40	0.22	0.18	0.15	0.29	0.28	0.28	0.31	0.31	0.31

②在试验期间，实验室偏倚 Δ 可由式（4-14）估计：

$$\hat{\Delta} = \bar{y} - \mu \tag{4-14}$$

式中　$\bar{y}$——所有实验室对特定测试水平所得到的所有测试结果的算术平均值；

　　　μ——真值。

该估计值的不确定度可由式（4-15）表达：

$$P(\Delta - A_W\sigma_r < \hat{\Delta} < \Delta + A_W\sigma_r) = 0.95 \tag{4-15}$$

上式表示估计值距实验室偏倚的真值不超过 $A_W\sigma_r$ 的概率为 0.95。实验室内不确定度系数为：

$$A_W = \frac{1.96}{\sqrt{n}} \tag{4-16}$$

A_W 的值由表 4-3 给出。

表 4-3　　　　　　　　　　实验室偏倚的估计值的不确定度系数 A_W

测试结果数 n	A_W
5	0.88
10	0.62
15	0.51

续表

测试结果数 n	A_W
20	0.44
25	0.39
30	0.36
35	0.33
40	0.31

（4）实验室选择的影响　实验室数的选择是在可利用资源与将估计值的不确定度减少至一个满意的水平之间的一种折中。根据文件附录 B 中的图 B.1 和图 B.2，可以看到重复性标准差和再现性标准差，当参加精密度试验的实验室数很小（$p \approx 5$）时，其值变化较为显著；而当 $p > 20$ 时，再增加 2~3 个不确定度降幅很小。一般取 p 为 8~15。当 σ_L 大于 σ_r（即 $\gamma > 2$）时，每个实验室在每个水平的测试结果数 $n > 2$ 时，并不会获得比 $n = 2$ 时更多的信息。

3. 用于准确度试验物料的选择

在确定一个测量方法的准确度的测试中，所使用的物料应该完全能代表该测量方法正常使用中的那些物料。作为一般规则，使用 5 种不同的物料通常就能够满足较大的水平变化范围，用这些水平完全能够确定所要求的准确度。若怀疑是否有必要修改最近开发的测量方法，在对该方法进行首次调研时，只需要用较小水平数的物料，在此基础上进行进一步的准确度试验。

当观测值必须在各个不随测量改变的分离的物料上进行测量时，这些观测值应该在不同的实验室使用一系列相同物料进行测试。然而，这样就有必要将相同的物料运送给分布在各个国家或洲的不同地方的许多实验室，在运输过程中伴随着许多损失和风险。如果在不同的实验室使用物料，就要按照这样的方式来选择物料，即要确保这些物料是完全相同的。

在选择代表不同水平的物料时，应考虑在将准备样本分送前，是将物料进行专门的均质化处理，还是将不均匀物料的影响包括在准确度数值中。

在对不能均质化的固体物料（如金属、橡胶、纺织品等）进行测量时，或不能对相同试样重复测量时，测试物料的非均质性将成为该测量方法精密度的一个重要分量，此时物料的同一性概念也不再成立，虽然精密度试验仍可以进行，但精密度的值仅仅对所用的物料有效，也只有在这种情况方可使用。要使所确定的精密度能更广泛地应用，只有在证明其数值不因生产者不同或物料生产时间不同有较大差别时才可。这需要比 ISO 5725 中所述试验更加精心地安排。

　　通常，当涉及破坏性试验时，由试样之间的差异所产生的测试结果的变异与测量方法本身的变异相比较或忽略不计，或应将它视为测量方法变异的一个固有的组成部分，从而成为精密度的一个真正分量。

　　当所测量的物料随着时间而改变时，应考虑完成全部试验的时间范围。在某些情况下，宜规定样本测量的时间。

　　在上述论述中，在不同实验室的测量隐含着将试样运至实验室。尽管有些试样不存在运输问题，如储藏罐中的油。在这些情况下，不同实验室的测量指的是把不同的操作员连同他们所使用的设备送往测试现场。在其他一些情形，被测量可能是瞬时的或可变的，如江河中的流水，此时要注意尽可能取位置靠近、条件相同的样本进行测量。

　　上述确定一种测量方法精密度时，都假定了精密度或与所测试的物料无关或与物料有某种可预测的依赖关系，对某些测量方法，引用精密度时必须说明是对哪一类或哪几类物料而言的。在其他应用场合，这些数值仅能作为粗略的估计。更为常见的情形是，精密度与测试水平密切相关，因此，建议在公布精密度时，同时明确精密度试验中所用的物料及物料的变化范围。

　　为评定正确度，至少一种所用的物料要有接受参照值。如果正确度随水平改变，则需要有若干水平的物料具有接受参照值。

（四）准确度数据的应用

　　（1）正确度和精密度数值的发布　当精密度试验的目的是获得在重复性条件和再现性条件下的重复性和再现性标准差的估计值时，应使用基本模型。ISO 5725-2：1994 提供了估计这些标准差的方法，ISO 5725-5：1998 提供了某些可替代的方法。当精密度试验的目的是获得精密度中间度量的估计值时，则应使用 ISO 5725-3：1994 中的模型和方法。

　　一旦确定了测量方法的偏倚，其值宜与确定该偏倚时所参照的有关说明一起发布。当偏倚随测试水平改变时，宜以表格的形式对给定的水平及所确定的偏倚和所用的参考说明进行发布。

　　当以实验室间试验进行准确度和精密度的估计时，宜向每个参加测试的实验室报告各自相对总平均值的偏倚的实验室分量。这个信息对将来进行类似试验是有用的，但不宜用作校准。

任何标准测量方法的重复性和再现性标准差都应用 ISO 5725 的第 2 到第 4 部分规定的方法来确定，其结果宜在发布该标准测量方法时专门标记为"精密度"一节的内容。这一节也可以列出重复性限和再现性限。当精密度不随测试水平变化时，可单独给出每种情况下的平均值。当精密度随着测试水平变化时，宜以表格的形式进行发布，如表 4-4，也可以用数学公式来表示。精密度的中间度量也宜用类似的形式来表达。

表 4-4   报告标准差的方法示例

范围或水平	重复性标准差 S_r	再现性标准差 S_R
从……到……		
从……到……		
从……到……		

在精密度条款中应给出重复性条件和再现性条件的定义。当涉及精密度的中间度量时，宜说明时间、操作员和设备这些因素中哪些因素允许变化。当给定重复性限和再现性限时，还应增加其他陈述，把重复性限和再现性限与两个测试结果之间的差和 95% 的概率水平联系起来，建议的措辞如下。

①在通常正确的操作方法下，由同一个操作员使用同一仪器设备，在最短的可行时间段内，对同一物料所做出的两个测试结果之间的差出现大于重复性限 r 的情况，平均在 20 次测试中不超过一次。

②在通常正确的操作方法下，由两个实验室报告的对同一物料进行测试的测试结果的差出现大于再现性限 R 的情形，平均在 20 次测试中不超过一次。

③通过引用进行测试所要遵守的标准测量方法的条款的编号，或其他方式确保测试结果定义的清晰。

通常，在精密度章节结束部分应该增加对准确度试验的简要说明，建议措辞如下。

准确度数据是依照 ISO 5725（部分），在××××年，对 p 个实验室和 q 个测试水平所组织和分析的试验而得到的。( ) 个实验室数据包括离群值，在计算重复性标准差和再现性标准差时不包括这些离群值。

应有关于在准确度试验中所使用的物料的描述，尤其当正确度和精密度取决于测试物料时。

（2）正确度和精密度数值的实际应用　在 ISO 5725-6：1994 中详细论述了正确度和精密度的实际应用，以下是若干例子。

①对测试结果接收性的检查。产品规范可有在重复性条件进行重复测量的要求。在这种情形，重复性标准差可以用对测试结果的接收性的检验，以及决定当测试结果不可接收时应该采取什么行动。当供需双方对相同的物料进行测量，而试验结果不同时，可以用重复性标准差和再现性标准差来决定差异是不是测量方法所能允许的。

②在一个实验室内测试结果的稳定性。通过根据标准物料进行定期测试，实验室能够检查其结果的稳定性，从而得出该实验室有能力控制实验的偏倚和重复性的证据。

③对实验室水准进行评估。对实验室的认可认证日益普遍。无论采用标准物料还是进行实验室间试验，所获得的测量方法的正确度与精密度数值能对一个候选的实验室的偏倚与重复性进行评定。

④比较可供选择的测量方法。为测量某一特性，若有两种测量方法可用，其中一种要比另一种简单而价廉，但是一般使用较少。可以根据正确度和精密度来对某些限定范围的物料判断这种廉价方法是否适用。

二、IUPAC《单一实验室分析方法确认一致性指南》对准确度的描述与规定

方法确认是分析化学全面质量保证体系的必要组成部分之一。IUPAC《单一实验室分析方法确认一致性指南》中提供了采用确保分析方法充分确认程序的最低建议。该指南指出，方法确认就是利用一系列试验证明该方法是否适合特定的分析目的，这些试验既要检验分析方法所依据的任何假设，也要确立和记录方法的性能特性。典型的分析方法性能特性包括适用性、选择性、校准、准确度、精密度、回收率、操作范围、定量限、检出限、灵敏度和再现性。这些特性可以加入测量不确定度以符合适用的目的。

《单一实验室分析方法确认一致性指南》在附录 A "关于方法性能特性研究要求的注解"部分对准确度进行了描述和规定。

1. 准确度的评估（附录 A4.1）

准确度是方法被测量特性的测试结果和认可的标准值相一致的程度。以术语"偏差"定量表示准确度，较小的偏差显示更大的准确度。常通过比较方法的响应值与赋予该物质已知值的标准物质来测定偏差。建议进行显著性检验。标准值的不确定度不可忽视，评价结果应考虑标准物质的不确定度以

及统计学上的变异性。

2. 准确度试验条件（附录 A4.2）

偏差可以在分析系统的不同组织水平出现，例如，运行偏差、实验室偏差和方法偏差。重要的是要记住其中哪些正在被各种处理偏差的方法所运用。

在单次运行中所进行的有关标准物质的一系列分析数据的全部平均值，反映了该次运行中关于方法、实验室、特定运行效果的信息总和。由于每次运行效果都假设是随机的，每次观察到运行结果的变异会比预期结果的离散变异更大，这一点在结果的评估中需要加以考虑（例如，通过分别研究运行中的标准偏差来检验测量偏差）。

用几次运行的标准物质重复分析的平均值来评估特定实验室的组合方法效应和实验室偏差（除非使用特定方法给该值赋值）。

3. 准确度试验的标准值（附录 A4.3）

（1）有证标准物质（CRMs）　有证标准物质可溯源至国际标准，有已知的不确定度，因此假定没有基质不匹配的现象，可以用来同时处理所有偏差（方法、实验室间和实验室内）。如果可行的话，应该用有证标准物质确认准确度。重要的是确保检定值的不确定度要足够小，以允许重要度量偏差的检测。如果不是的话，使用有证标准物质时应进行附加检查。

典型的准确度试验能产生标准物质的平均响应值。在解释该结果时，与检定值有关的不确定度应该与由实验室统计差异引起的不确定度一并考虑。后者可能基于批内、批间或实验室间标准偏差的评估上，这主要取决于试验目的。当检定值不确定度较小时，通常使用合适的精密度条件进行 Z 检验。

如有必要和可行，应当检查很多有适当基质和分析物浓度适用的标准物质。如果做到这一点，并且检定值的不确定度小于分析结果的不确定度，使用简单的回归评价结果十分安全。这样，以浓度函数表达偏差，可表现为非零截距（"变异值"或恒定偏差）或无单位斜率（"旋转"或比例偏差）。当基质范围较大时，应谨慎地用于结果解释。

（2）标准物质　如果不具备有证标准物质，或作为有证标准物质的补充，可以使用对研究目标有着良好标识的材料制成的物质（即标准物质），要牢记没有显著偏差未必就证明是零偏差，任何物质间的显著性偏差都是研究重点。标准物质包括：标准物质生产商标识的，但其数值并未附上不确定度声明的，其他的物质；物质制造商标识的物质；实验室用作标准物质所标识的物质；受限状态下循环使用，或经水平测试的物质。尽管这些物质的可追溯性可能会有问题，但使用它们比完全不对偏差进行评估要好得多。这些物质在很大程度上将以与有证标准物质同样的方式使用，尽管没有标称不确定度，但任何显著性检验都完全依赖于测试结果的精密度。

（3）参考方法的使用　确认时参考方法原则上可以用于检验另一个方法的偏差。用两种方法分析一些典型的测试材料，最好能真正均匀地覆盖到所有适用的浓度范围。使用合适的统计方法对全范围内的结果进行比较（例如，配对 t 检验，用来适当地检查方差和正态均匀性），证明方法间的任何偏差。

（4）添加物/回收率的使用　在缺乏有证标准物质或标准物质的研究时，可以通过添加物和回收率实验来研究偏差。确认时，在典型的测试材料原状态下，加入已知量的被分析物到测试部分，然后同时用同样的方法进行分析。两个结果之间的差值占添加量的比例被看作添加物的回收率，或看作边际回收率。回收率与总体显著不一致表明方法有偏差。严格来说，这里的回收率研究只评估由加入分析物的操作引起的偏差；相同的效应不一定适用于相同程度的原有分析物，而附加效应可能适用于原有分析物。因此，添加物/回收率的研究非常容易受观察数据的影响，虽然好的回收率不是准确度的保证，但差的回收率一定是缺乏准确度的表现。

三、AOAC 相关指南对准确度的描述与规定

1. 《如何满足 ISO 17025 方法验证的要求（AOAC）》对准确度的描述与规定

该文件指出，验证实验室能否准确执行标准方法需要实验室提供客观证据，证明检测方法的性能参数与方法实际检测的基质相符。通常来讲，关键的要求是准确度和精密度（普遍采用重复性和再现性），这反映在测量方法的不确定度中。客观证据是来自真实试验数据的准确度和精密度。

该文件中，术语"准确度"被定义为：测量值与真实值或参考值之间的接近程度。准确度反映了测量过程中的偏差。准确度往往通过重复测试达到或接近目标值的已知浓度水平的加标回收样品予以评估。所添加分析物从空白基质中回收的分数或百分率通常被用作准确度的指标。但是，所添加的分析物可能并不总能反映分析材料中自然分析物的情况（国际分析家协会官方分析方法，第 18 版，附录 E）。

本文件承认官方分析方法（OMA）定义的"准确度"与当前国际通用计量学基本术语（International locabulary of basic and general terms in metrology）第三版条款2.13（3.5）的定义不完全一致。

measurement accuracy：测量准确度；

accuracy of measurement：测量的准确度；

accuracy：准确度，测量值与真实值之间的接近程度。

"测量准确度"这个概念不是一个量，也不会给出一个数字量值。当一个测量的误差较小时，它就被认为是更加准确的。

"测量准确度"这个术语不应该用作"测量正确度"，术语"测量精密度"不能用作"测量准确度"，但测量准确度与测量正确度和测量精密度相关。

测量准确度有时被理解为被测变量的测量值之间的接近程度。

在《如何满足 ISO 17025 方法验证的要求（AOAC）》文件中，AOAC 将化学检测方法根据目的不同分为 6 个不同的类别，其中有 3 种分析方法的验证指标要求中涵盖了准确度（表4-5）。

表4-5　　　　　　　　AOAC 三类分析方法要求准确度验证及原因

性能指标	需要证实分析方法类别	验证活动	证实原因
准确度	1. 低浓度分析物的定量方法 2. 高浓度分析物的定量方法 3. 高浓度分析物的限量分析方法	如果验证方法的浓度范围比较窄（小于一个数量级），在一个浓度水平分析一个参考/标准/加标样品。否则在高、中、低每一浓度水平分析一个参考/标准/加标样品来证明方法的准确度	在一个比较窄的范围内，准确度和精密度不会变化，因此测定一个浓度的准确度就足够了。在一个比较大的范围内，准确度和精密度会发生变化，因此，必须在不同浓度水平进行证实

2.《AOAC 关于膳食补充物与植物性药物的化学方法的单一实验室验证指南》对准确度的描述与规定

该文件在第三章"性能特征"的第三节"校准"部分涉及"准确度"。具体描述如下。

由于"准确度"一词被赋予了太多的含义，最好使用更具体的术语。通常精度意味着测试结果与真实值或公认值的接近程度。但测试结果可能是单一值、一系列值的平均值或者多组值的平均值。因此，任何时候使用准确度一词都必须声明所代表的数值的个数以及之间的关系，如单一结果、重复测试的平均值或一系列测试的平均值。报告值与公认值之间的差即为报告条件下的偏差，无论公认值是单一值、一系列值的平均值、多个平均值的平均值或指定值。在报告一组值的平均值时，偏差或准确度常用的术语为"真实度"。

回收率是将测试样品通过整个方法的操作过程后回收的分析物的比例。测定回收率最好的参考物质是国际度量学实验室提供的对分析物认证的参考物质。但多数情况下必须利用供应商认证的材料，偶尔也可以从政府部门获得标准物，例如，从 EPA 获得农药标准物。标准物通常是浓度和不确定度均已知的用某一常用溶剂配制的溶液，而在目标基质中的标准物质极为少见。因此必须在目标基质中测定标准物。能通过同位素分析技术追踪的同位素标记分析物则更为罕见。

将 1~2 倍预期浓度的可用的认证或商业分析物标准物（如有必要进行稀释）加入典型的不含分析物的基质中，可以从已认证并通过分析手段核实在培育、生长或喂养中未曾使用化学品的种植户处获得用于测定残留物的不含分析物的基质；或者，也可以使用先前已萃取的物质残余或显示不含分析物的测试样品。

如果没有可用的不含分析物的基质，应将分析物标准物添加至试样中并计算添加回收率（见该文件 3.3.3）。在每组测试样品中均运行此类对照样品。如果预计将运行足够多的批次（20~30 个），可以将回收率百分比与运行数作图作为控制表。同样也可以在精密度试验中测定回收率（见该文件 3.4.2 和 3.4.4）。

合适的回收率取决于浓度和分析目的。对于单一测试的一些回收率，列举见表 4-6。

表 4-6　　　　　　　　　　　回收率示例

浓度	回收率限值
100%	98%~101%
10%	95%~102%
1%	92%~105%
0.1%	90%~108%

续表

浓度	回收率限值
0.01%	85%~110%
10μg/g	80%~115%
1μg/g	75%~120%
10μg/kg	70%~125%

由 FDA 和 WHO 食品标准项目联合出版的《国际食品法典委员会法典》第二版（1993 年版）第三卷"食物中兽药残留"（FAO，罗马，意大利）中建议以下食品中兽药残留的限值（表4-7）。

表4-7　　　　　　　　　建议食品中兽药残留限值

浓度/（μg/kg）	≤1	≥1，<10	≥10，<100	≥100
允许范围	50%~120%	60%~120%	70%~110%	80%~110%

可以根据单一结果的变异性或所参照的监管要求视需要修改这些限制（作为典型性能指标的粗略指南，单一实验室在 1μg/kg 浓度水平典型测定结果的正态分布中有约 95% 的值处于平均值的 80%~120%），在检查美国农业部常规农药残留分析能力时使用的限值范围为 50%~150%；FDA 对 10μg/kg 水平的药物残留回收率的验收标准是 70%~120%。然而通常来讲，若回收率差于 60%~70% 则应进行调查并加以改进，而平均回收率高于 110% 则意味着需要建立更好的分离条件。最重要的是，不能将高于 100% 的回收率视为不可能并弃置。在分析物浓度等于或接近 100% 时，超过 100% 的回收率是典型分布中可预期的正向一侧，并由均值另一侧的结果所平衡。

如果使用溶剂萃取基质中的待测物，应重新萃取（自然干燥的）残渣并通过方法测量其待测物含量以测试萃取效率。

用于建立偏差的单位数目可以任意决定，但一般来讲，独立的"准确度"试验越多越好。测定时所获得的均值在置信区间的宽度随试验次数的平方根而增大。但当试验次数 8~10 次及以上后这种增加会变得缓慢。为了充分体现代表性，这些值必须在不同时间独立测定，涵盖尽可能多的差异，如不同分析人员、仪器、试剂来源、时间、温度、气压、湿度、供应电压等环境差异或自发差异。每个值同样也对实验室内精密度有贡献。一个合理的折中做法是在数日内或不同时间的测量中使用参考物质、阳性样品或通过标准添加获得 10 个数值以检验偏差和回收率。在进行重复测定的同时也获得了精密度数据。以此方式得到的精密度通常被定义为"中间精密度",因为其值介于实验室内精密度和实验室间精密度。在报告时,必须说明哪些条件是保持不变的及哪些条件是变化的。

需要注意的是,对标准添加进行的一系列测定之间是不独立的,因为这些样品可能源自同样的标准校准溶液、使用同样的移液管,且通常几乎是同时测定,因此,适用于给出关联函数但不适用于估计在未来使用的精密度函数。

有关回收率的问题还包括是否报告回收率校正后的结果均值。除非在方法中有特别声明,这一问题通常被认为是"政策"判断问题,由法规声明、正式或非正式共识,或根据合同在实验室外部通过行政途径解决。如果出于某些原因需要最接近理论的值,通常应使用回收率校正。如果已经基于使用和"无影响"水平相关的同一方法的分析工作建立了限值或容许水平,那么不需要任何校正,因为制定规格时已经考虑相关因素。由于涉及测定和回收率两者的变异性,校正过程以精密度为代价提高准确度。

当无法获得不含分析物的基质用于报告回收率时,必须区分两种回收率的计算方法:①基于原有分析物与添加分析物之和的总回收率;②仅基于添加分析物的临界回收率(从分子和分母中同时减去原有分析物)。通常情况下都使用总回收率,除非原有分析物的量大于添加分析物的 10%,此时应采用添加的方式。

当使用同一方法测定强化测试样品浓度 c_f 和未强化测试样品浓度 c_u 时,回收率可按式(4-17)计算:

$$回收率(\%)=(c_f-c_u)\times100/c_a \qquad (4-17)$$

其中 c_a 是加入测试样品中的分析物的计算浓度(不是实测浓度)。外加分析物的浓度应不低于原有的浓度,并且强化测试样品的响应不得超过校准曲线的最高点。必须以相同方式分析强化和非强化测试样品。

四、欧盟相关法规/指南中对准确度的描述与规定

1. EU SANCO 2011/12495 对准确度的描述与规定

该文件适用于实验室控制或欧盟食品和饲料中农药残留的监控。该文件描述了方法确认和分析质量控制(AQC)要求,以支持 MRL 数据的有效性、执法行动或消费者暴露于农药中风险的评估。

该文件在附录 D "术语"中将"准确度"定义为试验结果与真实值或可接受参考值之间的一致程度。当应用到一组试验结果时，它包含随机误差的组合（由精密度估计）及常见的系统误差（真实或偏差）（ISO 5725-1：2023）。

该文件在第七章"分析方法确认和实施准则"中将分析方法分为两类：定性筛选方法和定量方法。针对定量方法，该文件指出，在初步确认方法时必须进行灵敏度、平均回收率（作为对准确度或偏差的衡量）、精密度和最低定量限测定。应采用加标回收试验对方法的准确性进行核查。

该文件在第 9 章规定了常规回收率分析性能的可接受性。

平均回收率是由每一商品组中不同基质所得到的个体回收率计算得到。单个回收率结果的可接受限通常在平均回收率±2RSD 范围内，并且可以用实验室再现性数据或重复性进行调整。公认回收率 60%～140%可以用于常规的多残留分析。回收率超出这一范围时需要重新分析本批样品，但未检出残留的样品是可接受的，无需重测。但是，若出现持续的高回收率情况，应对其原因进行调查。如果回收试验中发生明显趋势或得到不可接受的结果（RSD 超过±20%）时，必须对其原因进行调查。

为保证每个样品都能准确执行全部过程和最终样品提取物都能在气相或液相系统中正确进样，推荐使用一个或多个质控样。在分析过程中加入各种类型的内标，校正可能影响分析结果的多种因子以提高方法的稳健性。内标可在分析过程的不同阶段加入，例如，在样品提取前（内标和替代物内标）或提取后进样前（进样内标）。内标和质控标准应为目标农药之外。对于违反 MRL 的可疑值，最好使用同位素内标。

一般情况下，当平均回收率在 70%～120%时，残留数据不需要用回收率去校准。如果残留数据经过回收率校准，则需注明。残留物含量超过 MRL 的样品，在同一批次中的单个回收率范围必须在（70%～120%）+2RSD，至少验证分析需满足此要求。如果回收率未在此范围，可采取强制行为，但是必须考虑相对不好的精确度带来的风险。推荐根据标准添加或者同位素内标来校正回收率违反规定的情况。

2. EC 2002/657—执行 EC 96/23 对准确度的描述与规定

该文件对用于依照指令 EC 96/23 第 15（1）条第二句采样的官方样品的检测分析方法作出了规定，并详述了官方控制实验室解释此类样品分析结果的通用标准。本文件不适用于欧盟其他法规已有特别规定的物质。

该文件在附录 A "分析方法的执行标准、其他规则和程序"的 A.2（分析方法性能标准和其他要求）中将准确度定义为：准确度是指从大量测量结果中得到的平均值与公认标准值的相近程度。准确度通常用系统误差表示。

该文件对定量方法的准确度进行了规定，在重复分析有证标准物质的情况下，对试验测定的经回收率校正的平均质量分数与检定值间偏差范围的指导原则见表 4-8。

表 4-8 定量方法的最低准确度

浓度水平/(μg/kg)	范围
≤1	−50% ~ 20%
>1 ~ 10	−30% ~ 10%
≥10	−20% ~ 10%

没有有证标准物质时，准确度可以通过测定空白基质中加入已知量分析物的回收率获得。

平均回收率校正的数据在表 4-8 所示范围内时才合格。

该文件在附录 A 中 A.3（验证）部分，根据不同的控制目的将方法分为不同类型，并阐明了哪种类型的方法需要进行准确度的验证（表 4-9）。

表 4-9 分析方法对准确度测定要求

方法类型		准确度/回收率
定性方法	S	—
	C	—
定量方法	S	—
	C	+

注：S 为筛选方法，C 为确证方法，+为必须测定，—为可以不测定。

该文件在 A.3.1（验证的步骤）中进一步规定了正确度（准确度要求之一）的测定方法。正确度只能通过有证标准物质建立，有证标准物质随时都可以使用。ISO 5725-4：2020 中详细介绍了具体步骤。下面是一个例子。

按方法的测试说明分析 6 份平行的有证标准物质样，测定每份平行样中分析物的浓度，计算这些浓度的平均值、标准差、变异系数（%）。

正确度用检测出的平均浓度除以标示（检定）值（以浓度表示），再乘以 100，结果以百分比表示，按式（4-18）计算：

正确度（%）＝平均回收率－检测出的校正浓度×100/标示值 （4-18）

如果没有有证标准物质，可按文件中 A.3.1.2.1 所述来测定回收率以代替正确度，应在空白基质中添加分析物测定回收率。实例如下。

选择 18 份空白原料，其中 6 份分别加入最低要求执行限（MPRL）的 1 倍、1.5 倍、2 倍，或容许限的 0.5 倍、1 倍、1.5 倍的分析物。对样品进行分析，并计算每份样品中的分析物浓度。

按式（4-19）计算每份样品的回收率：

回收率＝100%×测定的含量/添加浓度 （4-19）

计算每个浓度水平上 6 份样品的平均回收率和变异系数（CV）。

当存在以下情况时，本回收率的常规测定方法就是该文件 3.5 节中所述的标准加入法的变种：

认为样品是空白样品而不是要分析的样品。

认为两个测试等分的分析物含量和回收率相同。

测试样品具有同样的质量，测试等分被提取同样的体积。

加入第二等分测试样（加标样品）的标样数量为 X_{ADD}，（$X_{ADD}=\rho_A \times V_A$）。

X_1 是空白样品的测量值，而 X_2 是加标样的测量值。

回收率＝100%×（X_2-X_1）/X_{ADD} （4-20）

五、ICH 相关文件中对准确度的描述与规定

（一）《ICH 协调三方指导原则 分析方法验证：正文和方法学（Q2 R1）》对准确度的描述与规定

作为递交给欧盟、日本和美国新药注册申请资料的一部分，此文件对分析方法验证需考虑事项的特征进行说明。此文件是为术语的收集及其定义而服务的，并没有提供怎样完成验证的指示。这些项目和定义是连接常存在于欧盟、日本和美国的各种药典和规定之间的差异的桥梁。

分析方法验证的目的是阐述分析方法适用于其分析目的。Q2 R1 文件关于分析方法验证的讨论集中在以下分析方法四个最通用的方面：

①鉴别试验；

②杂质含量的定量测试；

③杂质控制的限度测试；

④原料药或制剂及其他药品中选择性组分的样品的活性部分的定量测试。

对于此文件中考虑到的测试类型的简短描述如下。

①鉴别试验是为了鉴定样品中某个分析物存在。通常将适当的样品与参考标准品进行比较（例如，光谱、色谱行为、化学反应等）。

②杂质测试是对样品中的杂质进行定性或定量试验。这两种试验都是为了准确反映样品中杂质的特性。与限度试验相比，定量试验要求不同的验证试验项。

③含量测试方法是为了测定给定样品中被测物的量。此文件的内容中，含量测试代表原料药中主成分的定量测试。对药物制剂中的活性组分或其他选择性组分进行含量测定时，相似的验证特征也同样适用。同样的验证特征也可以应用到与其他分析方法相关联的含量测试中（如，溶解）。

该文件规定，杂质含量的定量测试、原料药或制剂及其他药品中选择性组分的样品的活性部分的定量测试这两类分析方法需要进行准确度验证。

在该文件中，准确度被定义为：分析方法的准确度表达了可接受值，包括常规真值或可接受的参考值，与测得值之间的接近程度。

该文件给出了分析方法关于准确度的验证方法。准确度的建立应该在分析方法的规定范围内。

1. 含量测定

（1）原料药　下列几种方法可用于准确度的测定。

①用该分析方法测定已知纯度的被分析物（比如标准物质）。

②将建议采用的分析方法的结果与另一种成熟的分析方法的结果进行比较，后者的准确度应是已知的。

③准确度可在精密度、线性和特异性确认之后推断得到。

（2）制剂　下列几种方法可用于准确度的测定。

①用该分析方法分析按处方量制成的混合物，其中应已知待分析制剂的量。

②在不能获得所有制剂成分的情况下，可以将已知量的待分析物加入制剂中，也可以将测得结果与另一种成熟的分析方法的结果进行比较，后者的准确度应是已知的。

③准确度可在精密度、线性和特异性确认之后推断得到。

（3）杂质（定量）　准确度应该在样品中（原料药、制剂）加入已知量的杂质进行评估。

在不能获得含有确定杂质和/或降解产物的样品的情况下，可以考虑与其他独立方法测得结果进行比较。应该明确如何测定单个杂质或者总杂质，例如，关于主要被分析物所占的质量比或者面积比。

2. 申报数据

准确度的评估应该对覆盖规定范围内的 3 种浓度进行至少 9 次测定（例如，完整分析步骤对 3 种浓度分别进行 3 次平行试验）。

准确度可通过样品中加入已知量的被分析物测得的回收率或平均值和真实值的差异及其置信区间来表示。

（二）《ICH 协调三方指导原则　分析方法验证（Q2 R2）》对准确度的描述与规定

该文件将准确度定义为：分析方法的准确度指的是真实值或认可的参考值与检测值之间的相近程度。

该文件给出了准确度的评估方法。可以采用预先定义的接受标准分别评估准确度和精密度。该文件也描述了一种替代方法，即采用合并评价这两个性能指标的方式评估方法适用性。

1. 准确度

应在分析方法可报告的范围内建立准确度，通常通过比较测量结果与预期值进行证明。应在分析方法的常规检测条件下证明准确度（如：在含有样品基质的情况下，使用所述样品制备步骤）。

通常通过下述研究来验证准确度。在某些情况下（如：小分子原料药含量测定），准确度可以在精密度、工作范围内响应和专属性已经确立的情况下推断而得。

（1）参比物比较　用该分析方法测定已知纯度（如：参比物、经过充分表征的已知杂质或有关物质）的被分析物，并通过比较测量结果和理论预期结果进行评估。

（2）加标研究　该分析方法适用于在包含所有成分（除被分析物外）的基质中添加已知量的目标被分析物进行测定。如不能重现基质全部组分，可将已知量的被分析物加入检测样品中进行测定。对未加标样品和加标样品的测量结果进行评估。

（3）正交方法比较 将拟定分析方法的测定结果与第二个充分表征的理论上应用了不同分析原理的分析方法（独立方法）的测定结果进行比较。应报告第二个分析方法的准确度。在不能获得用于模拟加标回收率研究样品所需的所有成分的情况下，可使用正交方法进行定量杂质测量来验证主要分析方法的测量值。

（4）数据要求 准确度的评估需要对涵盖可报告范围的适当数量的浓度水平进行适当次数的测定（如，按完整分析方法对 3 个浓度分别测定 3 次）。

准确度应通过在样品中加入已知量的被分析物测得的平均百分回收率或平均值与可接受真值的差异及其置信区间来报告。

应将平均百分回收率或平均值与可接受真值的差异（如适用）的适当置信区间（如：95%）与可接受标准进行比较，以评价分析方法偏差。应证明置信区间的适用性。

对于含量测定，所得置信区间应与质量标准中相应含量规定相匹配。

对于杂质检查，应描述测定单个杂质或总杂质的方法（如，相对于主成分的质量百分比或面积百分比）。

对于多变量分析方法的定量应用，应使用适当的指标，如：均方根预测误差（RMSEP）。如果发现 RMSEP 与可接受的均方根校正误差（RMSEC）相当，则表明使用独立检测集进行检测时，该模型足够准确。定性应用（如分类、误分类率或阳性预测率）可用于表征准确度。

2. 准确度和精密度的合并评价方式

根据一个合并的性能标准来评估准确度和精密度的总体影响可以替代单独评价准确度和精密度的方法。该方式应能够反映准确度和精密度已经各自确立的标准。

方法开发期间生成的数据可能有助于确定最佳方法并优化适当的性能标准用于合并的准确度和精密度的比较。

可使用预测区间（评估下一个可报告值落在可接受范围内的概率）或容许区间（评估未来所有可报告值落在可接受范围内的比例）来评价合并的准确度和精密度。如果其他方法合理也可接受。

数据要求：如果选择合并的性能标准，则应将结果报告为合并值，以获取分析方法适用性的总体认知。如果相关，可提供准确度和精密度的单独结果作为补充信息，应注明使用的方法。

六、日本相关文件中对准确度的描述与规定

《日本食品中农药残留等检测方法评价指南》中准确度定义为：准确度是指从充分数量试验结果得到的平均值与被验证的标准值（添加浓度）的一致程度。

该指南规定了准确度的评价方法。对 5 个以上的加标样品，按试验方法进行检测，求出所得到检测结果的平均值，计算与添加浓度的比值，以此为准确度，准确度的目标值如表 4-10 所示［注：在使用内标（以校准准确度的变动为目的，添加在分析试料中的稳定同位素标准品）时，内标的回收率应在 40%以上］。

表 4-10　　　　　　　　　　准确度目标值

浓度（10^{-6}）	准确度（回收率）/%	重复性（RSD）/%	室内精密度（RSD）/%
<0.001	70~120	<30	<35
>0.001，≤0.01	70~120	<25	<30
>0.01，≤0.1	70~120	<15	<20
>0.1	70~120	<10	<15

七、中国国家标准对准确度的描述与规定

GB/T 6379.1—2004《测量方法与结果的准确度（正确度与精密度）第 1 部分：总则与定义》等同采用国际标准 ISO 5725-1：1994[2] 及 ISO 于 1998 年 2 月 15 日发布的对 ISO 5725-1：1994 的技术修改单。

八、《中国药典》对准确度的描述与规定

（一）分析方法验证指导原则

2020 年版《中国药典》中"分析方法验证指导原则"指出，需进行分析方法验证的项目包括鉴别试验、杂质检查（限度或定量分析）、含量测定（包括特性参数和含量/效价测定，其中特性参数如药物溶出度、释放度等）。其中，杂质定量分析、含量测定项目需进行准确度的验证；鉴别试验、杂质限度测定无需进行准确度的验证。

《中国药典》对准确度定义为：用所建立方法测定的结果与真实值或参比值接近的程度，一般用回收率（%）表示。准确度应在规定的线性范围内试

验。准确度也可由所测定的精密度、线性和专属性推算出来。

在规定范围内，取同一浓度（相当于 100% 浓度水平）的供试品，用至少 6 份样品的测定结果进行评价；或设计至少 3 种不同浓度，每种浓度分别制备至少 3 份供试品溶液进行测定，用至少 9 份样品的测定结果进行评价，且浓度的设定应考虑样品的浓度范围。两种方法的选定应考虑分析的目的和样品的浓度范围。

1. 化学药含量测定方法的准确度

原料药可用已知纯度的对照品或供试品进行测定，或用所测定结果与已知准确度的另一个方法测定的结果进行比较。制剂可在处方量空白辅料中，加入已知量被测物对照品进行测定。如不能得到制剂辅料的全部组分，可向待测制剂中加入已知量的被测物进行测定，或用所建立方法的测定结果与已知准确度的另一个方法测定结果进行比较。

2. 化学药杂质定量测定的准确度

可向原料药或制剂中加入已知量杂质对照品进行测定。如不能得到杂质对照品，可用所建立的方法与另一成熟方法（如药典标准方法或经过验证的方法）的测定结果进行比较。

3. 中药化学成分测定方法的准确度

可用已知纯度的对照品进行加样回收率测定，即向已知被测成分含量的供试品中再精密加入一定量的已知纯度的被测成分对照品，按照标准方法测定。用实测值与供试品中含有量之差，除以加入对照品量计算回收率。在加样回收试验中须注意对照品的加入量与供试品中被测成分含有量之和必须在标准曲线线性范围之内；加入的对照品量要适当，过小则引起较大的相对误差，过大则干扰成分相对减少，真实性差。

4. 数据要求

对于化学药应报告已知加入量的回收率（%），或测定结果平均值与真实值之差及其相对标准偏差（RSD,%）或置信区间（置信度一般为 95%）；对于中药应报告供试品取样量、供试品中含有量、对照品加入量、测定结果和回收率（%）计算值，以及回收率（%）的相对标准偏差（RSD,%）或置信区间。样品中待测成分含量和回收率限度关系可参考表 4-11。在基质复杂、组分含量低于 0.01% 及多成分等分析中，回收率限度可适当放宽。

表 4-11　　　　　　　　样品中待测成分含量和回收率限度关系

待测成分含量		待测成分质量分数/	回收率限度/
/%	/(mg/g 或 μg/g)	%	%
100	1000mg/g	1.0	98~101
10	100mg/g	0.1	95~102
1	10mg/g	0.01	92~105
0.1	1mg/g	0.001	90~108
0.01	100μg/g	0.0001	85~110
0.001	10μg/g	0.00001	80~115
0.0001	1μg/g	0.000001	75~120
	0.01μg/g	0.00000001	70~125

（二）生物样品定量分析方法验证指导原则

分析方法的准确度描述该方法测得值与分析物标示浓度的接近程度，表示为：（测得值/真实值）×100%。应采用加入已知量分析物的样品来评估准确度，即质控样品。质控样品的配制应该与校准标样分开进行，使用另行配制的储备液。

应该根据标准曲线分析质控样品，将获得的浓度与标示浓度对比。准确度应报告为标示值的百分比。应通过单一分析批（批内准确度）和不同分析批（批间准确度）获得质控样品值来评价准确度。

为评价一个分析批中不同时间的任何趋势，推荐以质控样品分析批来证明准确度，其样品数不少于一个分析批预期的样品数。

1. 批内准确度

为了验证批内准确度，应取一个分析批的定量下限及低、中、高浓度质控样品，每个浓度至少用 5 个样品。浓度水平覆盖标准曲线范围：定量下限，在不高于定量下限浓度 3 倍的低浓度质控样品，标准曲线范围中部附近的中浓度质控样品，以及标准曲线范围上限约 75% 处的高浓度质控样品。准确度均值一般应在质控样品标示值的 ±15% 之内，定量下限准确度应在标示值的 ±20% 内。

2. 批间准确度

通过至少 3 个分析批，且至少 2 天进行，每批用定量下限以及低、中、高浓度质控样品，每个浓度至少 5 个测定值来评价。准确度均值一般应在质控样品标示值的±15%内，对于定量下限，应在标示值的±20%内。

报告准确度和精密度的验证数据应该包括所有获得的测定结果，但是已经记录明显失误的情况除外。

九、《NATA 技术文件 17　化学测试方法的验证指南》对准确度的描述与规定

《NATA 技术文件 17　化学测试方法的验证指南》介绍了在确认或验证方法时应考虑的各个方面，并就如何对其进行调查和评估提供指引。该指南适用于采用化学分析方法的所有检测领域。

该指南对准确度的定义为：对分析结果质量的一种衡量，即结果对客户或其他利益相关者的有用程度。准确度由两部分组成：精密度和正确度。

精密度是对随机误差的衡量。

方法的正确度是描述测试结果与所测量值的公认参比值的接近程度。低的正确度表明存在系统误差。偏差是对正确度的定量描述。减少偏差即提高了结果的正确度。

分析方法的回收率通常是与样品制备、从样品中提取分析物以及测定前的其他分析程序相关的偏差。分析含有已知分析物浓度（或量）的基质有证标准物质是评估回收率的最佳方式。将测得浓度除以已知浓度所得比值即为回收率。如果没有合适的有证标准物质，可以通过分析未添加和已添加已知量分析物（通常称为添加或标准添加）的样品来估计回收率。在这种情况下，添加样前后测定结果的差值除以添加量即为回收率。

单一实验室确认工作无法通过回收率区分可能影响到测试结果的其他任何因素对整体偏差的贡献。在下述试验中将给出对整体偏差的估算。

1. 精密度

方法的精密度是衡量在规定条件下相互独立的重复试验结果之间预期的接近程度。精密度通常以重复结果的标准偏差（S）或相对标准偏差表示。重复性和再现性是普遍使用的两项精密度指标。澳大利亚标准 2850—1986《化学分析-实验室间试验程序-分析方法精确度的测定-计划和实施导则》就精密度的确认方法给出了指导。

重复性是指在尽可能恒定的条件下，在同一实验室由同一名操作者使用相同的设备在较短的时间内对同样的测试物进行测试。重复性是对方法性能的一个有用的指标，但它低估了在正常操作条件下较长时期内可预见的结果偏离。

再现性是在更多变的条件下（即同一方法和同样的测试项目，在不同操作者、不同设备、不同实验室、不同时间条件下）进行的一系列精密度的测试。因此，再现性不是单一实验室方法确认的组成部分，但它是实验室将其使用的特定方法的性能和参与实验室间研究的实验室所实现的性能相比较时的一个重要参考因素。重复性、实验室内再现性或中间精密度是指单一实验室在再现性条件下的精密度。

方法的精密度必须在正常操作条件下测定，这样才能真实地反映正常操作条件下的方法性能。测试材料应当是通常分析的典型样品。样品制备应与正常操作相一致，且试剂、测试设备、分析员和仪器的变化应能够代表一般情况。

精密度可能随着分析物的浓度而变化。如果预计分析物浓度的变化超过均值的50%，则应考察精密度是否随之变化。对于有些试验，仅在一个或两个对测试数据的使用者有特定意义的浓度上（如某一生产质量控制规范或监管限）测量精密度更为合适。

对于单一实验室精密度的确认，在正常的长期操作条件下重复分析独立制备的实验室样品、认证参比物质或参比物质是测量精密度最好的方式。通常这将涉及上文所述的实验室内再现性的测定。

如果存在不同样品（尽量是不同时间的）的精密度试验数据，并且每组数据的方差之间没有显著差异，可以将数据合并计算汇总标准偏差。

2. 正确度

测量结果的偏差可以视为方法本身的偏差、实验室的偏差以及某次特定运行的偏差的组合。

可以使用含有已知浓度分析物的参比物质估算测试结果的偏差。如果未在每次运行中测量偏差，将数天内不同运行的测试结果与已知值相比较可以给出平均偏差的估计值。参比物质应与方法中待测样品的基质和分析物相匹配。

（1）有证标准物质　　有证标准物质含有可追溯到国际标准、有特定不确定度的给定含量的被测物。如条件允许，使用与实验室样品的基质和含量均匹配的有证标准物质是估计偏差的最佳方式。理想情况下，应测量数个具有适当基质及分析物浓度的有证标准物质。然而，对于大多数测试方法而言没有合适的有证标准物质，需要使用其他方式来估计偏差。

有证标准物质也可用于建立校准的追溯性。

（2）标准物质 如果没有有证标准物质，可以用其他标准物质估算偏差，只要它们和所测样品基质匹配，并且相对于目标分析物有着充分的表征。通过有限的测试所表征的材料可以适用于这一目的。实验室可在日常的质量控制中使用标准物质来代替有证标准物质，这是一种可接受的、经济的替代定期分析有证标准的方法。

（3）加标样品 如果既没有合适的有证标准物质也没有合适的标准物质，可以通过分析加标样品（即加入了已知浓度的分析物的样品）来衡量偏差。对有些试验，如在农药残留分析中，实验室可使用已测定的未检出目标分析物残留的样品进行加标试验。然而，在很多试验中需要对本底中含有一定浓度的分析物的样品进行加标分析。

在这种情况下，通过原始样品和加标样品的分析结果之间的差异估计偏差。通过分析加标样品评估偏差时应注意到加标回收率可能高于"原生"分析物或残留物质/污染物的回收率。例如，虽然向饮用水样品中添加氟离子可以得出可靠的回收率，但向土壤样品中添加有机氯农药则恐怕不尽然。这主要是由于"外加"和"原生"的分析物有着不同的萃取效率。如果可能的话，应通过一些其他方式证实加标回收率数据，如进行有关天然样品或含有残留物质/污染物的样品的能力测试。

在某些情况下，实验室只能依靠添加回收率数据估计偏差。在此情况下，应注意到虽然 100% 的回收率未必代表正确度，但低回收率一定意味着存在偏差，尽管总偏差可能被低估了。

（4）基准方法 可以利用已知偏差的基准方法来考察另一种方法的偏差。首先使用两种方法分别分析涵盖了与提议测试项目相关的一系列基质和分析物浓度的典型样品，然后对试验结果进行统计分析（t 检验），从而估算被测方法的偏差。

第 2 节 本书编写人员对准确度定义及评价方法的观点

准确度一词被赋予了太多的含义，总的来讲，准确度既包含正确度也包含精密度。ISO 5725 对准确度及相关术语进行了详细规定，给出了准确度试验定义的实际含义、估计测量方法的准确度基本模型以及准确度数据的应用。然而，ISO 5725 对于准确度的描述更注重于从宏观的理论层面上进行全面的阐释，并没有涉及具体的评估或测定方法。国内外各个权威组织根据具体领域分析测试工作的需求，制定了具体的分析方法验证、确认技术指南，详细描述了准确度定义、何时进行准确度的验证、准确度的测定方法、准确度的可接受性等。

（1）关于对准确度的理解 准确度通常指测试结果与接受参照值间的一致程度。但测试结果可能是单一值、一系列值的平均值或者多组值的平均值。因此，任何时候使用准确度一词都必须声明所代表的数值的个数以及之间的关系，如单一结果、重复测试的平均值或一系列测试的平均值。

（2）关于分析方法是否需进行准确度的验证 国内外各分析方法验证、确认技术指南一般根据不同分析目的将方法分为不同类别，以类别为依据，规定是否需要进行性能指标的验证。如《如何满足 ISO 17025 方法验证的要求（AOAC）》将化学检测方法分为 6 个类别，其中，低浓度分析物的定量方法、高浓度分析物的定量方法、高浓度分析物的限量分析方法需进行准确度的验证。《ICH 协调三方指导原则 分析方法验证：正文和方法学（Q2 R1）》将分析方法分为 4 个方面，其中，杂质含量的定量测试、原料药或制剂及其他药品中选择性组分的样品的活性部分的定量测试，这两类分析方法需要进行准确度的验证。

（3）关于准确度的测定 准确度可通过比较方法的响应值与赋予该物质已知值的标准物质来定量表示。

①首选用有证标准物质确认准确度，有证标准物质可溯源至国际标准，有已知的不确定度。采用所制定方法测定有证标准物质，考察所得结果与标准物质定值间的符合程度。

②如果不具备有证标准物质，或作为有证标准物质的补充，可以使用对研究目标有着良好标识的材料制成的标准物质，尽管这些物质没有标称不确定度。

③使用参考方法原则上可以用于检验另一个方法的准确度。用两种方法分析一些典型的测试材料，最好能真正均匀地覆盖到所有适用的浓度范围。使用合适的统计方法对全范围内的结果进行比较，证明方法间的任何偏差。

④在缺乏有证标准物质或标准物质时，可以使用添加回收率来研究准确度。需要注意的是，添加物/回收率的研究非常容易受观察数据的影响，虽然好的回收率不是准确度的保证，但差的回收率一定是缺乏准确度的表现。

（4）关于准确度的可接受范围　使用添加回收率来研究准确度时，合适的回收率取决于浓度和分析目的。如，《AOAC 关于膳食补充物与植物性药物的化学方法的单一实验室验证指南》根据分析物的具体浓度范围列出了相应的回收率限值。EU SANCO 2011/12495 规定了在常规多农残分析中回收率的可接受性。

第5章
校准方法相关规定及评价方法

第1节　校准方法的规定及评价要求

一、IUPAC《单一实验室分析方法确认一致性指南》对校准方法的描述与规定

单一实验室分析方法确认一致性指南在附录 A 的 A.3 节对校准方法进行了详细的描述。

除了在标准物质制备中的过失误差，校准误差通常是（但并不总是）总不确定度预估算的一个较小分量，通常可以归入"由上而下"方法的各类估算中。例如，源于校准的随机误差是运行偏差的一部分，其作为一个整体评估；来源于校准的系统误差可能显示为实验室偏差，同样作为一个整体评估。不过在方法确认的一开始，了解校准的一些特性十分有用，因为它们影响最佳研发程序的策略。这个层面的问题诸如校准曲线是否：①线性的；②通过原点；③不受测试样品基质的影响。这里描述的程序与确认中的校准研究有关，这必然比在常规分析中进行的校准更加严格。例如，一旦确认时确立了校准曲线是线性的并通过原点，那么更加简单的校准方法便可用于日常使用（例如，两点法重复的设计）。出于确认的目的，源于这种比较简单的校准方法的误差通常会并入更高水平的误差。

（1）线性和截距　在校准中，可以适当地通过集中浓度响应值的线性回归所产生的残差图的检查非正式地检验线性。任何弯曲的图都表明了由非线性的函数校准导致失拟。可以通过失拟的方差与纯误差的方差比较进行显著性检验。不过，除了由某些类型的分析校准引起的非线性外还有其他失拟的原因，因此，显著性检验必须与残差图共同使用。尽管相关系数目前作为拟合质量的指标被广泛使用，但其作为检验是误导且不合适的，不应该使用。

校准曲线应满足以下要点：

①应该有 6 个或更多的校准标准点；

②校准标准应均匀分布在样品中分析物分析浓度范围；

③范围应包括可能遇到的 0 ~ 150% 或 50% ~ 150% 的浓度，视具体情况而定；

④校准标准至少一式两份按随机顺序运行，最好是一式三份或更多。

用简单的线性回归探究拟合后，对显著性图应检查残差。在分析校准中异方差性十分普遍，意味着校准数据最好由加权回归处理。在没有使用加权回归情况下（即标准曲线采用权重），校准曲线的低端可能引起放大了的误差。

可用简单的回归或加权回归进行失拟检验。如果没有显著失拟，也可以在此数据基础上对显著与零不同的截距进行检验。

（2）总基质效应的测试　如果校准标准可以制备成简单的分析物溶液，那就极大地简化了校准。如果采用这种方法，在确认中就必须评估可能的总基质不匹配的效应。可以使用标准加入法来测试总基质效应。测试时最终稀释液应该同正常程序配制的一致，加入法的范围也应与程序定义校准确认的范围一致。如果校准是线性的，通常使用校准函数的斜率图和分析物加入对显著性差异进行比较，缺乏显著性就意味着没有检测到总基质效应；如果校准不是线性的，需要更复杂的方法检验显著性，但通常在相同浓度水平上直观比较就足够了。这种测试中如果没有显著性往往意味着不存在基质差异效应。

（3）最终校准程序　程序制订的校准方法需要单独确认，但有关误差将有助于共同评估不确定度。来自具体的线性设计等评估的不确定度，比由程序协议定义的简单校准产生的不确定度小。

二、AOAC 相关指南对校准方法的描述与规定

《AOAC 关于膳食补充物与植物性药物的化学方法的单一实验室验证指南》指出：现代仪器分析方法通过比较未知浓度分析物的信号与已知浓度的相同或相似分析物的信号进行测定，因此需要可用的参考标准物。最简单的校准程序需要通过稀释储备溶液制备一系列的标准溶液，标准溶液的浓度应覆盖仪器响应信号的合理范围。作为合适的校准方式，应测量在目标浓度范围内大致均匀分布的 6~8 个点的重复样，测量应随机进行以区分非线性和漂移。拟合校准线（手动或通过各种统计和电子表格程序）并将残差（试验值与拟合值的差）相对浓度作图。合格的拟合应给出均值为零且随机分布的残差。为检查线性度，应通过稀释同一储备溶液制备各个标准溶液以避免称量微量（毫克级别）标准物可能导致的随机误差。

只要通过气相色谱、液相色谱、薄层色谱或其他定量技术分析次要信号确定的参考物质纯度≥95%，则杂质对微量或超微量浓度水平上的最终检测结果影响甚微，可以忽略不计（在回收率试验中需要更高的纯度或对杂质进行校正）。需注意参考物质的成分是至关重要的，如果有任何迹象表明其为非均质，如出现多重或者扭曲的峰或点、不溶性残渣，或在放置后出现新峰，都需要进一步调查参考物质的成分。

　　同样地，经容量计量的玻璃仪器在完成对其所示容量的初始检验之后可以使用。检验过程为使用容量瓶称取或使用移液管或滴定管移取所示容量的水，然后称量水的质量并换算为体积。

　　不要使用移液管量取小于其量程10%的容量。通过在数日或数周后的重复测量检查在室温或更低温度储存的储备溶液和初始稀释溶剂的稳定性。在大多数情况下，通过稀释浓的稳定溶液配制新鲜的稀溶液。在冰箱中或在更低温度下储存的溶液在开启并使用前应先恢复至室温。

　　将浓度相对响应信号作图，理想情况是得到能够简化计算的线性响应，但这一点不是性能特征所必需。如果曲线跨越多个数量级，可通过计算机程序进行加权回归处理。电化学和免疫学方法的指数函数响应通常可以通过对数转换为线性关系。有些仪器通过公开或未公开的算法自动将信号转化为浓度。如果方法不作为日常使用，应在试验中测试数个标准物。对于日常使用的方法，取决于其稳定性，应每日或每周重复测量标准曲线。如漂移是对仪器的重要影响因素，应根据需要足够频繁地重复测定标准曲线。

　　虽然高的相关系数（如 $r^2 > 0.99$）通常被视为吻合度良好的证据，但使用相关系数衡量线性这一做法实际上是错误的[73]。目视检测通常足以判断线性，也可使用残差检验。

　　如果使用单一化合物（母化合物或关联化合物）作为一系列相关化合物的参考物质，应表明其结构和响应因子的关系。

　　注意校准中直接使用分析物的参比溶液。如果这些参比溶液经历完整的分析程序，则各个步骤中的损失无法确定但已自动弥补。有些程序需要对最终结果进行回收率校正。在此情况下，应使用认证参考物质、内部标准物或加入了分析物的空白基质进行完整的分析程序。如果多次运行得出不同的可用值，平均值一般是对回收率最好的估计。日间校准曲线的差异和基质效应影响幅度相近可能会被混淆。

最常见的校准程序使用单独准备的校准曲线。如果在分析过程中有固定的损失，由使用已知量的分析物通过整个过程得出的校正因子加以纠正，其计算是基于等量的标准或参考化合物的响应与测试分析物的比率。这一校正过程耗时明显，只作为最后手段使用，因为此时是通过牺牲精密度来提高准确度。除此之外还可以使用空白基质配标、内标法和标准加入法。

1. 空白基质配标

如果方法覆盖实质性的浓度范围，应测定空白和 5 个或 7 个浓度水平大致均匀分布的样品，并在第二天进行重复试验以生成标准曲线。应不时重复测定以检查漂移程度。如果需要在显著不同的浓度水平上检测分析物，比如测定杀虫剂残留和杀虫剂制剂，应对相应的范围分别准备单独的校准曲线以免过度稀释，并注意避免交叉污染。然而，以药物为例，如果分析物总是以单一水平或接近单一水平出现，可以使用包括了预期水平的两点曲线，甚至如果在目标范围内响应基本上为线性，可以仅用单一标准点。通过使用不含分析物的基质制样（如在农药或兽药残留研究中可以得到的，或药物辅料）作为空白，可以得到自动补偿了基质干扰的校准曲线。

2. 内标法

使用内标法即添加已知量的和分析物易于区分但具有相似化学性质的化合物。内标物相对于目标分析物已知量的参比标准物的响应比率已提前测定。在方法的早期加入与分析物预期含量相近的内标物。这一方式用于高效液相色谱分离时尤为有用，可以弥补使用自动加样器过夜运行不同试样时蒸发造成的损失。内标法也常用于许多性质相似分析物的气相色谱、液相色谱分析。

3. 标准加入法

见第三章第 2 节第 2 部分（AOAC 相关指南对基质效应的描述与规定）。

三、ICH 相关文件对校准方法的描述与规定

(一)《ICH 协调三方指导原则　分析方法验证：正文和方法学（Q2 R1）》
　　对方法线性的描述与规定

分析方法的目的应该清晰易懂，因为它决定了需要被评价的验证特征。应考虑的典型的验证特征包括准确度、精密度、重复性、中间精密度、专属性、检出限、定量限、线性、范围。每一个验证特征在附属的术语中有定义。

1. 线性

分析方法的线性是获得的测试结果与样品中被测物的浓度成直接比例的

能力。应该在分析方法的范围内评价线性关系。可以用指定的方法，直接证明原料药（通过标准溶液的稀释液）的线性，也可用制剂组分的合成混合物分别的权重来证明其线性。

线性应该通过被测物浓度或含量的信号图作出可视检测图来评价。如果有线性关系，测试结果应该通过合适的统计方法来评价，例如，用最小二乘法的一级回归线来计算。在某些情况下，为了得到含量测试结果和样品浓度之间的线性，测试数据可能需要在回归分析之前经过数学转换。线性回归得到的数据本身可能有助于提供线性程度的数学评价。

应该给出相关系数、y-截距、线性回归的斜率和剩余平方和，包括给出数据图。此外，从线性回归得到的实际数据点的偏差分析对于评价线性也非常有用。

一些分析方法，例如，免疫分析，在任何转换后没有进行线性评价。这种情况下，分析响应应该通过样品中被测物浓度的合适的功能给予描述。

对于建立线性，最少要求 5 个浓度点。其他方法应该适当调整。

2. 分析方法的范围

分析方法的范围是样品中被测物的最高浓度和最低浓度之间的间隔（包括最高和最低浓度），在此范围内，已经证明分析方法有合适的精密度、准确度和线性。

特定的范围通常来源于线性研究并且取决于分析方法预定的应用。通过证实分析方法提供的线性、准确度和精密度的可接受度建立范围，测定线性、准确度和精密度时，所用到的样品中含被测物的量应在分析方法指定的范围内或是在范围的极值。应该考虑到以下最小指定范围。

（1）对于原料药或是成品（药物）制剂的含量分析　通常是测试浓度的 80% ~ 120%。

（2）对于含量均一度测试　覆盖测试浓度的最小范围是 70% ~ 130%，除非有更宽的更合适的范围。根据剂型的性质（例如，压入型吸入剂）可以作出适当的调整。

（3）对于溶解度测试　在指定范围的±20%。

例如，如果控释制剂的规格覆盖的范围是从 1h 后的 20% 到 24h 的 90%，标签声明的有效范围应该为 1% ~ 110%。

（4）对于杂质测定　从杂质的报告水平到规格的 120%。

（5）对于有效的或是产生毒性或非预期药效的已知杂质　检出/定量限应该与杂质控制的水平相当。

（二）《ICH 协调三方指导原则　分析方法验证（Q2 R2）》对方法线性的描述与规定

ICH 的 Q2 R2 是对 Q2 R1 的改进，细化与改进之处体现了分析化学家针对实际工作情况的深入思考。在 Q2 R2 中，将方法线性和范围一起进行描述。工作范围取决于样品制备（如，稀释）和选择的分析方法，可报告范围将决定特定工作范围。通常，分析仪器对相应一组浓度或纯度水平样品进行采样，并评价相应的信号响应，分为线性响应和非线性响应。

1. 线性响应

被分析物浓度与响应之间的线性关系应在分析方法的工作范围内进行评价，以确认该方法适用于预期用途。可用建议的分析方法，直接对原料药（如，通过标准储备溶液稀释）进行响应测定或对制剂各组分混合物分别称取并进行响应测定，以证明其响应。

最初，可以用信号对着分析物的浓度或含量作图评价线性关系，可用适当的统计方法评估试验结果（如，用最小二乘法计算回归线）。

由回归线推导所得到的数据，可能有助于数学评估线性。应提供数据图表、相关系数或测定系数、轴上的截距和回归线的斜率。分析实测值与回归线的偏差有助于对线性做出评价（如，对于线性响应，应评估回归分析残差图中任何非随机模式的影响）。

为建立线性，建议在范围内适当分布至少 5 个浓度；然而，更复杂的模型可能需要其他的浓度。若用其他方法应经验证。

为获得线性，可对测量值进行转换，并将权重因子应用于回归分析［即具有不同变异性（异方差）的数据点群体，包括对数或平方根］。若用其他方法应经验证。

2. 非线性响应

一些分析方法可能显示非线性响应。在这些情况下，需要一个能够描述分析方法响应与浓度之间关系的模型或函数，可通过非线性回归分析（如，测定系数）评估模型适用性。

例如，免疫测定法或基于细胞的分析，当浓度范围足够宽时，出现 S 形响应曲线，因此响应受到上、下渐近线的限制。这种情况下使用的常见模型是参数或参数逻辑函数，尽管存在其他可接受的模型。

对于这些分析方法，分开考虑线性评价与浓度–响应曲线形状。因此，不需要浓度–响应关系呈线性。取而代之，应在给定工作范围内评价分析方法测得值与真实（已知或理论）样品值成正比，以评估分析方法的分析能力。

3. 多变量校正

用于构建多变量校正模型的算法可以是线性或非线性的，只要该模型适用于建立信号与关注的质量属性之间的关系。多变量方法的准确度取决于多个因素，例如，校正样品在校正范围内的分布和参比方法误差。

除比较参比结果和预测结果外，线性评估应包括分析方法误差（残差）在校正范围内变化的信息。图表可用于评估整个工作范围内模型预测的残差。

四、欧盟相关法规/指南对校准方法的描述与规定

EU SANCO 2011/12495 对农残筛查方法校准的一般要求如下。

（1）准确校准依赖于对分析物的准确确认。如果检测系统在绝对响应（外标定量）或相对响应（内标定量）中表现出显著偏差则应采用定标试验校准。在一批平行的定量检测中，校准标准的分配应考虑因位置不同而引起的响应值差异。对残留物定量的响应值必须在检测器的动态范围内。

（2）检测批次的规模应适当调整，以使检测器对于定标试验校准的标准中单点进样的响应值在 2 倍最低校正水平（LCL，即校准曲线最低浓度点）时，漂移不超过 20；或响应值在 1~2 倍 LCL 时，漂移不大于 30%（如果 LCL 接近检出限）。如果偏离超过此数值，但样品明显不含有分析物且 LCL 响应在整个批次中保持可测量，这种情况下则没必要进行重复检测。

（3）提取液含有较高水平的残留物时可将其稀释到校准范围之内。但是当校准溶液用基质匹配时，其基质提取液的浓度也应进行相应调整。

该文件对校准的规定如下。

（1）如果残留量低于 LCL［即使如报告限（RL）］，应视为不可校准，不管其响应是否明显，都应报告<RL。如果想要报告低于原始 RL 和相应的 LCL 的测定值，必须用一个更低的 LCL 重复测定。如果目标 LCL 的信噪比不够充分（信噪比<6）则必须采用一个较高水平的 LCL。如果目标 LCL 存在不能被测定的风险，可取一个附加校准点，例如 2 倍的 LCL，提供一个备份的 LCL。

（2）两点校正法在以下情况适用：只要这两个水平不超过 4 倍差异，并

且每一个水平重复测定所得的平均响应因子的较高值不超过较低值的 120%（如果接近或超过 MRL，则不超过 110%）时其响应值线性可以接受。

（3）当采用 3 个或更多水平进行校正时，应在最高和最低校准水平之间使用合适的校准函数进行计算。校准曲线（不一定是线性）不应强制过原点。校准函数的拟合必须经过绘图和视觉检查（避免过分依赖于相关系数），确保在残留检测相关范围内有满意的拟合。如果在相应的检测范围内个别点偏离校准曲线超过 ±20%（当接近或超过 MRL 时，为 ±10%）需要重新选择校准函数。通常，与线性回归相比，更推荐使用线性加权回归。

（4）如果检测器响应随时间而变化，单点校准的结果可能比多水平校准的结果更准确。在采用单点校准时，如果样品残留物含量超过 MRL，其响应在校准溶液响应的 ±10% 范围内；如果没有超过 MRL，样品的响应应在校准响应的 ±50% 范围内，除非在可接受的线性范围内可以进一步的外推。如果在 LCL 水平做添加回收试验时回收率<100%，则可以在 LCL 点进行单点校准计算。这种特殊的计算方式仅意味着分析水平达到 LCL，但并不表示低于 LCL 的残留量应该用这种方法进行测定。

五、EC 2002/657—执行 EC 96/23 对校准方法的描述与规定

其附录 A.3 中对方法校准曲线描述如下。

如校准曲线用于定量：

（1）建立一条曲线至少应有 5 点（包括零点）。

（2）应说明曲线的工作范围。

（3）应描述曲线的计算公式和曲线数据拟合度。

（4）应说明曲线参数的适用范围。

当需要用一种标准溶液进行系列校正时，应指明校准曲线参数的适用范围。各系列之间可能不同。

六、EPA 相关指南对校准方法的描述与规定

《EPA 关于纯净水分析方法批准指南》指出，根据精简程序，所有已批准方法和新方法都必须包括标准化的质控测试。标准化的质控测试包括：校准线性度、校准确认、绝对保留时间和相对保留时间精密度（色谱分析）、初始精密度和回收率等。该指南对方法校准线性度和校准确认进行了具体介绍。

1. 校准线性度

校准线性度对通过原点的校准直线与不通过原点的校准直线或校准曲线

进行了区分，分界限就是以下度量的最大相对标准偏差（$RSD = 100S/\bar{x}$，S 为 RR、RF 和 CF 多次测定值的标准偏差，$\bar{x}$ 为 RR、RF 和 CF 多次测定值均值，RSD 以百分比表示）：

（1）同位素稀释校准的相对响应（RR）；

（2）内标校准的响应系数（RF）；

（3）外标校准的校准系数（CF）。

在低于该最大值时可使用 RR、RF 或 CF 的值。校准点的数量取决于测量技术的误差。测量技术的误差可以通过以下方法测定：①以最低定量水平（ML）和至少两个额外点校准仪器；②测定 RR、RF 或 CF 的 RSD。对于许多分析而言，仅需校准测量仪器而无需校准样品制备过程，如通过萃取、浓缩和气相色谱技术测定半挥发性有机化合物。而对于其他一些分析，校准需涵盖整个分析过程，如通过吹扫捕集-气相色谱技术测定挥发性有机化合物。表 5-1 中列出了不同校准线性度所需的校准点数目。

表 5-1 校准线性度所需的最少校准点数量

RSD[①]/%	所需的最少校准点数量
0≤RSD<2	1[②]
2≤RSD<10	3
10≤RSD<25	5
RSD>25	7

注：①RSD 应由校准线性度试验得出；

②假定通过原点（0，0）的直线。若该分析物的数据不存在原点（例如 pH），应采用两点校准。

理想情况下，在零阶时，校准线应当是一条贯穿原点的直线。在实践中，通过 3 个或更多的校准点构造的校准线并不会精确地通过原点（0.000…，0.000…）。然而，如果在校准线周围构造一个误差带，那么在绝大多数情况下原点将在误差带之内。使用 RR、RF 或 CF 的均值便是为了在 RSD 所示误差范围内，用一个单一的值来表示包括原点在内所有点的校准。

最大 RSD 的规范适用于涉及 3 个或更多的校准点的校准。有一些方法使用了最小二乘法回归和相关系数。然而，涵盖了较大范围的"非加权最小二乘法回归"会导致最高点的权重异常。在最小二乘法回归中给每个点指定同样的权重所得到的结果与 RR、RF 或 CF 的均值结果相同。因此，除非该方法指定使用最小二乘法回归和/或相关系数，否则必须用 RR、RF 或 CF 的 RSD

来建立校准线性度。

当不能满足线性要求时，需要进行高于零阶的校准，零阶校准就是上文提到的"直线通过原点"情况。大多数仪器和分析系统的校准是一阶或二阶。一阶时校准线不通过原点，可用"$y=mx+b$"表示，而二阶可用"$y=ax^2+bx+c$"表示。当测定某一分析物时，如果只有一种测定方法可用而其校准范围内响应呈非线性，采取二阶或更高阶校准或许有好的效果。如果校准单调递增，也可以使用二阶或更高阶的校准。单调递增意味着随着分析物浓度的逐步升高，测量信号的强度也同步增强。例如，免疫分析法通常需要"$y=ax^3+bx^2+cx+d$"三阶或"$y=ax^4+bx^3+cx^2+dx+e$"四阶校准，虽然在这些方程中并非所有项都是必要的。

EPA 认为，大多数仪器和分析系统具有足够大的线性范围因而无需二阶或更高阶的校准。若其中某一系统的线性范围有限，应当将样品稀释至线性范围内的浓度再重新分析，而不是将校准延伸到仪器的非线性响应范围。EPA 不鼓励使用高于一阶的校准，因为在仪器非线性区域中的响应可能会掩盖由于标准品配制不准导致的响应错误。EPA 要求必须通过 RR、RF、CF 均值或校准曲线来计算空白样品、现场样品、质控样品和用于其他目的的样品中的目标分析物浓度。

2. 校准确认

本测试用于定期确认仪器性能并未显著偏离校准。确认可以根据时间安排，如每个工作日或每 12h 轮班，也可以根据在一个批次中分析样品的数目安排，如每 10 个样品。方法中应明确规定"轮班"和"批次"。如果没有特别规定，通常认为测定有机物的仪器应当在每 12h 轮班后进行校准确认，而测定金属的仪器应当在每测定 10 个样品之后进行校准确认。然而，最根本的原则还是确认频率应该足以确保仪器或分析系统的响应没有显著偏离校准。

在校准确认时，通常在所关注目标分析物浓度范围内选取 1 个点进行分析。大多数方法中，该浓度点在最低定量水平 1~5 倍的范围内，并且是构成校准线性的某个点。之所以这样确定校准确认点的浓度而不是取"中间点"浓度，是因为"中间点"可以被理解为最高校准点的 1/2 处。一旦方法的测量范围涵盖多个数量级时，该"中间点"将偏离大多数测量所在范围，从而可能导致错误的结果。

如果校准曲线是通过原点的直线，应当规定校准确认所用标准样品的

RR、RF 或 CF 与校准的 RR、RF 或 CF 均值的允许偏差。如果校准不符合线性要求，则应当规定校准验证所用标准样品 RR、RF 或 CF 与校准曲线上特定点的允许偏差。

在计算分析物浓度时，应使用 RR、RF、CF 的均值或校准曲线，即校准不更新至 RR、RF、CF 或单点验证。如果在建立 RR、RF、CF 均值或建立校准曲线之后更新校准至单点，相当于执行单点校准，这种做法有时也被称为"持续校准"。EPA 规定不得使用持续校准，因为它不具备全面校准的统计效力。

七、《NATA 技术文件 17　化学测试方法的验证指南》对校准方法的描述与规定

1. 线性

对于使用测量形式定义仪器响应与浓度之间关系的分析方法，必须确立该形式的适用范围。

对于许多分析方法，仪器响应在规定范围内是浓度的线性函数，通常以图形方式表示。

建立校准模型，要注意以下要求，以作为方法有效性确认的一部分。

（1）应该有 6 个或更多浓度的校准标准样品。

（2）校准标准样品的浓度应均匀分布在所关注的浓度范围内，且应独立配制（即不可以通过对原液连续稀释配制校准标准样品）。

（3）浓度范围应该涵盖实际预期浓度的 $0 \sim 150\%$ 或 $50\% \sim 150\%$，以更适合者为准。

（4）校准用标准应按随机顺序重复测定至少 2 次，最好是 3 次或更多。

通过绘制简单的数据图即可快速反映出响应和浓度之间关系的性质。利用通常在电子表格程序中配备的经典最小二乘法回归分析程序建立仪器响应（y）与浓度（x）之间的关系方程，对线性模型而言即为 $y=ax+b$。回归的标准偏差用于衡量线性拟合度。通过回归分析得出的相关系数测定线性可能会产生误导，还应当以残差检查非线性响应的迹象。应始终绘制并检查拟合数据和残差的图以确认线性并检查异常值。

如果在研究涉及浓度范围内响应与浓度的关系呈非线性，则必须消除产生非线性的原因或限制方法覆盖的浓度范围以确保线性。在某些情况下可以使用非线性函数，但必须小心地确认所选定的模型。

2. 工作范围

方法的工作范围是指使结果的不确定度处在允许水平的浓度范围。就以

上讨论的参数而言，工作范围可以等同于从 LOQ 到线性校准上限之间的浓度范围。在实际工作中，浓度高于这一上限（超出所测定的线性范围）时不确定度也可能处于允许水平。尽管如此，谨慎的做法是考虑已确认的范围，即从 LOQ 到确认过程中研究过的最高浓度之间的范围。

八、中国国家标准对校准方法的描述与规定

（一）GB/T 32465—2015 对校准方法的描述与规定

GB/T 32465—2015 中对分析方法校准/线性指标进行了如下描述。

（1）校准曲线工作范围确定，实验室应根据校准曲线的线性范围和样品预处理后预计的浓度或含量范围确定校准曲线工作范围。

（2）应在校准曲线浓度范围均匀设置 6 个或以上的校准标准点（包括空白或一个低浓度标准点），不同浓度点的校准标准要单独配制，不能通过稀释同一母液获得。由此得到的相关系数 $r^2 \geqslant 0.997$。

（3）校准标准每个浓度点至少要重复测定 2 次，建议 3 次或更多，检测顺序随机确定。

（4）应考察校准曲线各浓度点的标准偏差与浓度的关系。若标准偏差为一常数，则为直线回归；若偏差与各浓度点的浓度呈线性相关，则为加权直线回归。

（5）校准和线性度的评估有多种方法，具体选择哪种方法，也应视具体情况而定。

（6）应确定校准曲线是否稳定，即在不同时间，制作同一条曲线的重复性。

（7）当目标组分含量或浓度在工作曲线工作范围内时，可使用单点校正，但应研究单点校正范围。

（8）对标准方法进行线性及校准验证时的要求

①在方法文本规定的工作范围内确定校准曲线的各个浓度点。浓度点个数应满足（2）的要求，最低浓度校准点应远离检出限位于定量限附近，中间点为目标分析物日常检测平均浓度水平，最高校准点浓度为工作范围的最高点或接近最高点。

②如果实验室经过技术判断，认为按照①中的要求还不能实现验证的目的，可参照下文（9）的要求，实施进一步的验证。

（9）对非标准方法线性及校准进行确认时的要求

①实验室用有证标准样品，采用比较检测法检测样品中目标组分含量时，

应研究线性度及其对检测结果的影响。

②线性度及其对检测结果影响的研究内容包括：线性范围、工作范围、校准函数拟合及检验、校准曲线核查、单点校正可行性及单点校正范围研究。

③如果不能确定目标组分含量与仪器信号的关系，应按照 GB/T 22554—2010 给出的方法进行校准函数参数估计及检验。

④在完成线性范围、工作范围、校准函数拟合及检验的基础上获得的校准曲线还应满足（8）①的要求。

⑤如果一条校准曲线在最低浓度到最高浓度范围内不能满足相关要求，可考虑分多段制作校准曲线。

（10）校准曲线质量检验，应对校准曲线每个点的结果进行显著性检验，只有经过显著性检验没有显著性差异的点的结果才能作为校准曲线的值。若出现有显著性差异的点，应检查分析系统，进行原因分析，采取纠正措施消除影响因素后重新制作校准曲线。如果要求校准曲线通过零点，还应进行是否通过零点的检验。

（二）GB/T 27404—2008 对校准方法的描述与规定

GB/T 27404—2008 规定了应描述校准曲线的数学方程以及校准曲线的工作范围，浓度范围尽可能覆盖一个数量级，至少设置 5 个点（不包括空白）。对于筛选方法，线性回归方程的相关系数不应低于 0.98，对于确证方法，相关系数不应低于 0.99。测试溶液中被测组分浓度应在校准曲线的线性范围内。

（三）GB/T 22554—2010 对校准方法的描述与规定

GB/T 22554—2010 规定了测量系统的校准以及被校准测量系统维持在统计受控状态的通用原则。该标准规定了用于以下目的的基本方法：测量变异性两种假定下线性校准函数的估计；校准函数线性和测量变异性假定的检验；被测值基于校准函数变换后的新未知量的估计。对基本方法的描述如下。

1. 概述

可获得几个（2 个以上）标准样品时如何估计和使用线性校准函数。只有使用几个标准样品才可对校准函数的线性进行验证。

2. 假定

（1）标准样品的接受值不存在误差（本标准不对该假定做检验）。实际上，标准样品的接受值及其不确定度是同时给出的。若较之这些标准样品测量值的误差，标准样品接受值的不确定度较小时，即认为标准样品接受值不存在误差的假定成立。

注：若标准样品经过化学处理或某些情况下经过物理处理后，再给出仪器读数时，本标准会低估新测量结果变换值的不确定度。

（2）校准函数为线性（该假定需检验）。

（3）标准样品的重复测量值独立且服从正态分布，其方差为剩余方差（本标准不对独立性和正态性假定做检验）。

（4）剩余标准差全相等或与标准样品接受值成比例（简称为常数剩余标准差或比例剩余标准差，该假定需检验）。

3. 校准实验

（1）实验条件　实验条件应与测量系统的正常操作条件相同，例如，若有一个以上操作者使用了测量设备，则这些操作者都要参与校准实验。

（2）标准样品的选择　所选标准样品值的范围应尽可能覆盖测量系统正常操作条件下被测量的范围。

所选标准样品的组分应尽可能接近被测样品的组分。

标准样品值应大致等距离分布在测量系统正常操作条件下的整个测量范围。

（3）标准样品数 N　用于校准函数评估的标准样品至少 3 个。

校准函数初始评估时，建议标准样品数多于 3 个（若怀疑校准函数的线性时，所有子区间内的标准样品数至少为 3 个）。

（4）重复数 K　每个标准样品应至少测量 2 次（建议实际中尽可能多次重复）。

所有标准样品的重复数应相等。重复测量所用时间和条件的覆盖范围应尽可能放宽，以确保所有操作条件的代表性。

4. 数据分析策略

（1）绘制数据，用以核查：校准实验期间的测量系统控制状态；线性假定；作为标准样品接受值函数的测量值的变异。

（2）常数剩余标准差假定下，对线性校准函数进行估计。

（3）对校准函数和残差作图，残差图是判断是否偏离线性假定或常数剩余标准差假定的重要指标。若常数剩余标准差的假定成立，跳过（4）继续（5），否则执行（4）。

（4）常数剩余标准差假定下，对线性校准函数进行估计，并绘制校准函数和残差图。

（5）评定校准函数的拟合不足。若因拟合不足引起的变异大于重复测量引起的变异，调查校准实验期间所实施的程序，并重新检验校准函数线性的假定。若线性假定不成立，则选用夹逼技术。

注：可采用其他技术做二次或更高次曲线的数据拟合，但不属于该标准研究的范畴。

（6）使用校准函数对后续被测值进行变换。

九、《中国药典》对校准方法的描述与规定

校准方法范围系指分析方法能达到一定精密度、准确度和线性要求时的高低限浓度或量的 K 区间。

范围应根据分析方法的具体应用及其线性、准确度、精密度结果和要求确定。原料药和制剂含量测定，范围一般为测定浓度的 80%~120%；制剂含量均匀度检查，范围一般为测定浓度的 70%~130%，特殊剂型，如气雾剂和喷雾剂，范围可适当放宽；溶出度或释放度中的溶出量测定，范围一般为限度的 ±30%，如规定了限度范围，则应为下限的 -20% 至上限的 +20%；杂质测定，范围应根据初步实际测定数据，拟订为规定限度的 ±20%。如果含量测定与杂质检查同时进行，用峰面积归一化法进行计算，则线性范围应为杂质规定限度的 -20% 至含量限度（或上限）的 +20%。

在中药分析中，范围应根据分析方法的具体应用和线性、准确度、精密度结果及要求确定。对于有毒的、具有特殊功效或药理作用的成分，其验证范围应大于被限定含量的区间。

校正因子测定时，范围一般应根据应用对象的测定范围确定。

第2节　校准曲线关键参数选择对定量结果影响实例分析

一、例 1：原点、权重参数设置对校准曲线定量准确的影响

校准曲线等方法验证、确认参数的设置及具体方法对检测结果具有重要影响：对国内外分析方法验证、确认相关重要参考文件（中国国家标准、ISO、IUPAC、美国 FDA、ICH、AOAC 等相关文件）进行了系统调研，对关键的分析验证、确认参数进行了研究，为多靶标方法分析性能的验证及确认提供了扎实的理论支撑。例如实验室在进行校准曲线定量时，每个浓度点需进样两次并均用于构建校准曲线。由于共配制了 9 级校准曲线，各靶标物需根据样品实际浓度选择 5~7 个浓度点绘制校准曲线。校准曲线设置上应忽略原点，采用权重 $1/X$，以保障各浓度点测定结果准确度（图 5-1）。

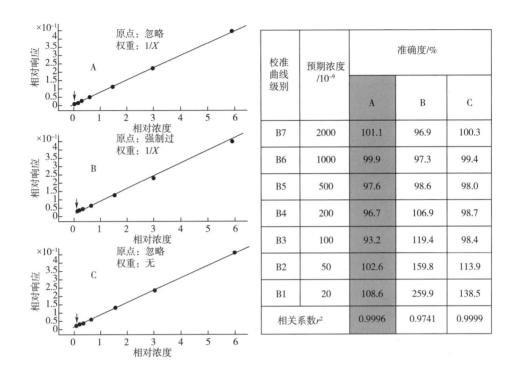

校准曲线级别	预期浓度 $/10^{-9}$	准确度/%		
		A	B	C
B7	2000	101.1	96.9	100.3
B6	1000	99.9	97.3	99.4
B5	500	97.6	98.6	98.0
B4	200	96.7	106.9	98.7
B3	100	93.2	119.4	98.4
B2	50	102.6	159.8	113.9
B1	20	108.6	259.9	138.5
相关系数 r^2		0.9996	0.9741	0.9999

图 5-1　香味成分分析方法原点设置及权重设置对校准曲线的影响

（注：A 忽略原点，权重设置为 $1/X$，具有线性好，准确度高的优点；B 强制过原点，权重设置为 $1/X$，线性相关系数较低且低浓度点准确度低；C 忽略原点，各浓度点不采用权重，相关系数高但低浓度点准确度低）

二、例 2：校准曲线浓度点范围对测定结果的影响

在测量卷烟主流烟气中乙酸糠酯成分时，分别根据实际样品中乙酸糠酯质量分数选取低于其浓度的 5 个标准溶液点、包含浓度范围的 5 个标准溶液点，浓度高于其浓度的 5 个标准溶液点绘制校准曲线（图 5-2~图 5-4）。计算出乙酸糠酯的浓度分别为 105.10ng/mL、107.50ng/mL、186.62ng/mL，结果差异极大，由此可见校准曲线的选点一定需要根据实测样品浓度确定曲线浓度范围（如满足涵盖实测浓度 0~150% 或 50%~150% 要求），以保障测定结果准确度。

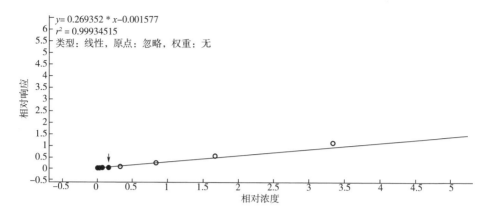

图 5-2　选取低于检测样品浓度的 5 个标准溶液浓度点制作校准曲线

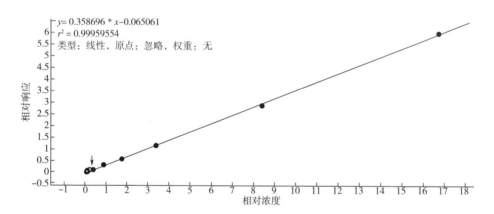

图 5-3　选取高于检测样品浓度的 5 个标准溶液浓度点制作校准曲线

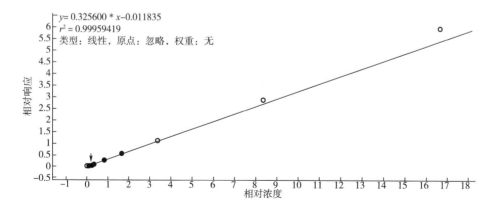

图 5-4　选取涵盖检测样品浓度的 5 个标准溶液浓度点制作校准曲线

第3节　本书编写人员对校准方法规定及评价方法的观点

通过对国内外分析方法验证、确认技术指南中对校准方法规定的梳理，本书编写人员认为在实际操作过程中，整体上校准方法可参考 GB/T 32465—2015。概括而言，标准曲线范围应为实际样品中浓度水平的 0~150% 或 50%~150%（药品纯度等测试可按照相关药典对范围的要求），应采用 6 个及以上校准标准点绘制校准曲线，每个校准标准点应重复进样 2 次以上。通常情况下，校准曲线为一阶曲线（$y=ax+b$），建议采用加权 $1/X$ 方式建立校准曲线，不强制过原点。对于零阶曲线（$y=ax$）的情况，可过原点，但是否过原点应结合实际工作情况与经验，参考校准曲线回带值与实际值的偏差情况而定。实际工作中化合物响应也存在满足二阶曲线等其他情况，应按照实际拟合结果与实际浓度点偏离情况对校准曲线进行评估。在测试过程中应定期采用 1个接近样品浓度的校准标准点进行进样以检验与校准曲线的偏离情况，如果偏离超过容忍程度（如 10% 或 20%），则应重新建立校准曲线。对于农残类、有害成分分析，存在报告限的情况，应注意校准曲线的最低点应在报告限附近。在实际检测中，不应报告低于最低校准标准点响应的测定结果，即使色谱峰形尚可。如果样品中目标峰超过校准曲线最大浓度点，理论上应进行稀释后再次测定，使浓度点重新落回校准曲线范围内。

第6章
精密度相关规定及评价方法

第1节　精密度定义

本书编写人员认为，ISO 5725 对精密度的定义较为清晰、权威，因此以该文件为例，对精密度定义展开叙述。精密度（precision）是指在规定条件下，独立测量结果间的一致程度。精密度仅仅依赖于随机误差的分布，与真值或规定值无关，通常用测试结果的标准差来表示，精密度越低，标准差越大。常见的精密度为：重复性、再现性和中间精密度（intermediate precision）。精密度严格依赖于规定的条件，重复性和再现性条件为其中两种极端情况，重复性条件为在同一实验室，由同一操作员使用相同的设备，按相同的测试方法，在短时间内对同一被测对象相互独立进行的测试条件；再现性条件为在不同的实验室，由不同的操作员使用不同设备，按相同的测试方法，对同一被测对象相互独立进行的测试条件；中间精密度为实验室内或实验室间的时间、校准、操作员和设备至少一个因素发生变化。实验室内测量条件的 4 个因素（时间、校准、操作员和设备）被认为是产生测量结果变异的主要原因（表6-1）。在重复性条件下所得测试结果的标准差，一般要小于在中间精密度条件下所得测试结果的条件下的标准差。一般情况下，在化学分析中，中间精密度条件下的标准差会是重复性条件下标准差的 2~3 倍。当然，它不应大于再现性条件下的标准差。此外，不同因素所引起差异的数值大小也与测量方法有关，例如，在化学分析中，操作员和时间是主要因素；微量分析中，设备和环境是主要因素；而在物理测试中，设备和校准是主要因素。

表 6-1　　　　　　　　　　实验室内测量条件的 4 个因素及其状态

因素	状态 1（相同）	状态 2（不同）
时间	在相同时间进行的测量	不同时间进行的测量
校准	两次测量之间不进行校准	两次测量之间进行校准
操作员	相同的操作员	不同的操作员
设备	未经重新校准的相同设备	不同的设备

由于测量条件的 4 个因素（时间、校准、操作员和设备）被认为是产生测量结果变异的主要原因，以下参照 ISO 5725 对其详细阐述。

①时间：连续性测量的时间间隔是大还是小。同时间测量包括那些在尽可能短的时间内进行的测量，其目的是使试验条件（例如，不能保证恒定的环境条件）的变化最小。不同时间测量是指那些在较长的时间间隔内进行的测量，可能由于环境条件的变化而对测量产生影响。

②校准：在连续的几组测量之间同一设备是否经过重新校准。校准在此处不是指由测量方法所规定的作为获取测试结果程序中的一个组成部分的校准，而是指在一个实验室内部不同组测量之间每隔一定时间所进行的校准过程。

③操作员：连续的测量是否由同一个操作员完成。对于某些操作，每一操作员执行测量程序的某一规定部分。在此情况，操作员是指这一组操作员，这一组操作员中出现的任何人员或所分配任务的变更都应看作是不同的操作员。

④设备：在测量中是否使用同一设备（或同一批试剂）。设备事实上往往指成套的设备。而成套设备中任何重要部件的任何变化都将被视为不同的设备，至于什么是重要部件，可照常识判断。温度计的变更将被视作不同的重要部件；而用一个稍微不同的容器来代替水槽将被视为无关紧要。使用不同批次的试剂应被视作重要部件变化，这将被认为是使用了不同的设备；如果这一变化发生在某次校准之后，则被看作一次重新校准。

如表 6-2 所示，在重复性条件下，所有的 4 个因素都处于表 6-1 中的状态 1。对于中间精密度条件，一个或者多个因素处于表 6-1 中的状态 2，称为"M 个因素不同的精密度条件"，其中 M 为处于状态 2 的因素个数。在再现性条件下，测量结果由不同的实验室获得，因此，不仅 4 个因素都处于状态 2，且由于不同实验室在实验室管理与维持、操作员的总体训练水平、测试结果的稳定性和核查等方面的不同，还会有额外的影响。

表 6-2　　　　　　　重复性、再现性和中间精密度条件下 4 个因素的状态

因素	重复性条件	中间精密度条件	再现性条件
时间	状态 1		状态 2
校准	状态 1	时间、校准、操作员、设备中，至少一个为状态 2（包括 4 个条件均为状态 2）	状态 2
操作员	状态 1		状态 2
设备	状态 1		状态 2
标准差	最小	介于中间	最大

有时也有必要考虑中间精密度条件，即观测值是在相同的实验室获得，但是允许时间、操作员或设备等一个或几个因素发生改变。在确定测量方法的精密度时，很重要的一点就是要规定观测条件，即上述时间、操作员和设备等哪些不变，哪些改变。对 M 个因素不同的中间精密度条件，有必要指明哪些因素处于表 6-1 中的状态 2，且用相应的下标表示。例如：$S_{1(T)}$ ——时间不同的中间精密度标准差；$S_{1(C)}$ ——校准不同的中间精密度标准差；$S_{1(O)}$ ——操作员不同的中间精密度标准差；$S_{1(TO)}$ ——时间与操作员不同的中间精密度标准差；$S_{1(TOE)}$ ——时间、操作员与设备不同的中间精密度标准差；其他情形也用类似的表示方法。

第 2 节　精密度试验的要求

一、相关 ISO 标准对精密度试验的要求

在精密度试验的具体实施过程中，试验安排、实验室征集、物料准备、参与精密度试验的人员等环节会直接影响测试结果，ISO 5725 对其有详细说明。

（一）试验安排

在用基本方法进行试验安排时，取自 q 批物料的样本分别代表 q 个不同测试水平，被分到 p 个实验室，每一个实验室都在重复性条件下对每一水平得到同样 n 次重复测试结果。这种试验称为平衡均匀水平试验。

这些测量工作应按如下规则组织进行。

①任何设备的预检应按标准方法中的规定进行。

②同一水平中一组 n 次测量应该在重复性条件下进行，即在短暂的时间间隔内，由同一操作员测量；除非是作为整个测量过程的一个环节，测量过程中间不允许对设备进行任何的重新校准。

③一组 n 次测试要求在重复性条件下独立地进行是十分重要的，就像是在对 n 种不同的物料进行的 n 个测试。然而，事实上，操作员会知道他是对同一物料进行测试。应在说明书中强调的是，测试的整个意图就是要考察在实际测试中测试结果能发生多大的变化。尽管有这样的提示，为避免前面的测试结果对随后的测试产生影响，从而影响重复性方差，可考虑在全部 q 个水平，每个水平上要求 n 个独立测试的样本，混合进行编号，使得操作员不知道所进行的测试是哪个水平的。不过，这样的程序也可能会产生另一个问题，即能否保证重复性条件适用于这些重复的测试。只有当所有测量可以在一个很短的时间内完成时，上述条件才能得到保证。

④没有必要要求所有组别的 n 次测量都严格在一个很短的时间内进行；不同组的测量可以不在同日内进行。

⑤所有水平的测量都将由同一个操作员进行，此外，在给定水平上做出的 n 个测量要自始至终使用同一设备。

⑥如果在测量过程中一个操作员因故不能完成全部测量，那么可以由另一个操作员继续剩下的测量，只要这个人员变更不是发生在同一水平同一组测量上，而是发生在两个不同组上。任何这样的人员变更都要随测试结果一起上报。

⑦应该给出一个时间限制，所有的测量应该在该时间区间内完成。把该时间限制在收到样本的日期和测量完成的日期之间。

⑧所有的受试样本都应该用标签标明测试名称并对样本进行编号。

在商业实践中，对测试结果的修约可能做得很粗。但在精密度试验中，测试结果要比标准方法中规定的有效数字位数至少多一位。如果该方法没有规定有效数字位数，那么修约的误差不能超过重复性标准差估计值的 $1/2$。当精密度依赖于水平时，对于不同的水平就要有不同的修约程度。

（二）实验室征集

在征集所需数目的协同实验室时，要明确规定这些实验室的条件。图 6-1 中给出了一个实验室调查征集的例子。

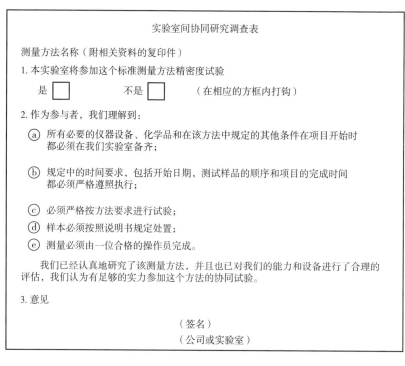

实验室间协同研究调查表

测量方法名称（附相关资料的复印件）

1. 本实验室将参加这个标准测量方法精密度试验

　　是 □　　　　不是 □　　　　（在相应的方框内打钩）

2. 作为参与者，我们理解到：

　ⓐ 所有必要的仪器设备、化学品和在该方法中规定的其他条件在项目开始时都必须在我们实验室备齐；

　ⓑ 规定中的时间要求，包括开始日期，测试样品的顺序和项目的完成时间都必须严格遵照执行；

　ⓒ 必须严格按方法要求进行试验；

　ⓓ 样本必须按照说明书规定处置；

　ⓔ 测量必须由一位合格的操作员完成。

　　我们已经认真地研究了该测量方法，并且也已对我们的能力和设备进行了合理的评估，我们认为有足够的实力参加这个方法的协同试验。

3. 意见

　　　　　　　　　　　　　（签名）

　　　　　　　　　　　　　（公司或实验室）

图 6-1　实验室间协同研究调查表

一个实验室被认为是操作员、设备和测试场所的一个组合，一个测试场所或通常意义的一个实验室可以产生几个实验室，只要它能够为几个操作员提供独立的仪器设备和测试场地。

（三）物料准备

在 ISO 5725-1：2023 和 GB/T 6379.1—2004 中给出了精密度试验中选择物料时需要考虑的要点。

在决定试验所需的物料数量时，应该考虑到在获得某些测试结果时会出现偶然的洒出和称量误差，从而需用到额外的物料。需要准备的物料数量应当足以满足测试之用，并且允许适当的储备。

应考虑在得到正式的测试结果之前一些实验室为了熟悉测量方法而获得某些初步测试结果是否可取，如果可取，那么也应考虑是否应该提供额外的物料（非精密度试验样本）。

当一种物料必须进行均质化时，应对该种物料以最合适的方式进行均质化。当要进行测试的物料不是均质时，就要以该方法中规定的方式准备样本，这是很重要的，最好对每个水平都用不同批的商业物料。对于不稳定的物料，应给出特殊的储藏和处置说明书。

如果容器一旦被打开物料就有变质的危险（例如被氧化、损失挥发或吸湿），那么对于每一水平下的样本，应对每个实验室使用 9 个不同的容器。在物料不稳定的情况下，应给出特殊的储藏和处置说明书。应该采取一些预防措施来确保样本到进行测量时性状不变。如果要测量的物料是由不同相对密度的粉状物料混合而成或由不同大小的颗粒组成的，那么由于震动可能会产生分离（例如在运输过程中），因此需要特别注意。当受试样本可能与空气发生反应时，样品可以封在被抽空或者用惰性气体填充的玻璃瓶内。对于食品或血样等易变质的物料，有必要将其以冷冻状态送到实验室，并对其融化程序进行详细的说明。

（四）参与精密度试验的人员

不同的实验室操作方法不尽相同。因此，本章的内容仅仅作为一个指南，在特定情况下可做适当修改。

1. 领导小组

领导小组宜由熟悉该测量方法及其应用的专家组成。领导小组的任务如下。

①计划和协调试验。

②决定需要的实验室数量、水平和要求的测量数，以及要求的有效数字位数。

③指定其中某位成员承担统计方面的职责。

④指定其中一位成员为执行负责人。

⑤考虑给每个实验室的测量负责人下发除了标准测量方法以外的操作说明书。

⑥决定是否允许某些操作员进行少量的非正式测量，以便在间歇很长时间后（这些测量结果不应作为协同试验的正式样本）重获测量方法方面的经验。

⑦测试结果分析完成后，讨论统计分析报告。

⑧确定重复性标准差和再现性标准差的最终值。

⑨决定是否需要就改进测量方法标准及对那些测试结果被视作离群值而拒绝的实验室采取进一步的措施。

2. 统计专家

领导小组中至少有一个成员应具有统计设计和试验分析方面的经验。他的任务如下。

①用专业知识进行试验设计。

②对数据进行分析。

③按规定向领导小组提交一份报告。

3. 执行负责人

把试验实际的组织工作委托给某个实验室。领导小组任命该实验室的一名成员为执行负责人，他对此工作负全责。执行负责人的任务如下。

①征集必要数目的协同实验室，并且负责任命每个实验室的测量负责人。

②组织和监管测试物料、样本的准备以及样本的分配；对每个水平，应该预留足够量的备用物料。

③起草涵盖各项要点的操作说明书，将说明书尽早地提前分发给各实验室测量负责人，以便他们能对其提出意见，确保所选的操作员在常规操作中能正确地进行测量。

④设计适当的表格，以便操作员用于工作记录、测量负责人用于报告测试结果的有效数字位数（表格可以包括操作员的姓名、收到和测量样本的日期、所使用的设备和其他有关的信息等）。

⑤处理各实验室在测量操作中出现的问题。

⑥关注试验的进度，使试验按规定日程进行。

⑦收集数据表并把它们提交给统计专家。

4. 测量负责人

每个参与试验的实验室应指定一名成员负责实际测量的组织、按执行负责人的指令工作并报告测试结果。测量负责人的任务如下。

①确保所选的操作员在日常操作中能正确地进行测量。

②按执行负责人的指令把样本分发给操作员（必要时还要为熟悉试验操作提供物料）。

③对测量的执行进行监管（测量负责人不应参与测量操作）。

④确保操作员进行规定次数的测量。

⑤确保测量工作按时间进度进行。

⑥收集测试结果，要求结果记录的小数位数与要求一致，以及测试中遇

到的任何困难、异常现象和操作员反映的意见。

每个实验室的测量负责人应撰写一份包括下面信息的全面报告。

①原始测试结果，由操作员以清晰字迹记录在所提供的表格上，而不要转录或打印（计算机或测试机器打印输出的结果除外）。

②最初的观测值或读数（当测试结果由这些读数计算得出时），由操作员以清晰字迹记录在所提供的表格上，而不要转录或打印。

③操作员提出的关于测量方法标准方面的意见。

④在测量期间发生的任何非常规或干扰的信息，包括可能发生的操作员变更，指明哪位操作员做了哪些测量，以及对任何数据缺失原因的说明。

⑤样本收到的日期。

⑥每个样本被测量的日期。

⑦使用的相关设备信息。

⑧其他有关的信息。

5. 操作员

在每个实验室中，测量应该由一名选定的操作员完成，该操作员是在通常操作中可能执行该测量任务的操作员代表。

因为试验的目的是对全体使用该标准测量方法的操作员确定标准测量方法的精密度，因此，一般不宜给操作员拓展测量方法标准的权力。然而，也应该对操作员指出，测试的目的之一是发现测试结果在实际中的变化，这样他们就不会对不一致的测量结果进行丢弃或重测。

尽管操作员通常没有对标准测量方法进行补充性修订的任务，但是也应鼓励他们对标准做出评价，尤其是指出标准中的说明是否足够明确。

操作员的任务如下。

①根据标准测量方法实施测量。

②报告测试中遇到的异常现象和困难；报告一个错误要比调整测试结果更为重要，因为缺失一两个测试结果不会毁坏整个试验，多数情况下反而反映了测量标准本身的不足。

③为评价标准中的说明是否合适，操作员应在遇到任何不能按试验说明进行测试的情况时随时报告，因为这也反映了标准本身的不足。

二、AOAC、IUPAC 等对精密度试验的要求

除了上述 ISO 对精密度试验的要求以外，AOAC 和 IUPAC 等其他组织和

机构对物料包括样本状态和次数、实施过程以及精密度结果评价方法等也有详细的规定。

1. 物料要求

物料的样本状态对精密度结果至关重要，表 6-3 给出了 AOAC 和 IUPAC 等其他组织和机构对样本状态的具体要求，主要强调了样本的代表性和均匀性。

表 6-3　　AOAC 和 IUPAC 等其他组织和机构对样本状态的规定

组织机构	对样本状态的规定
AOAC	日常使用中的典型基质，涵盖目标物常用浓度和极端浓度
IUPAC	日常使用中的典型基质，最好为均一状态
FDA	—
ICH	应为同一均匀、权威样品进行考察，如果不能获得同一均匀样品，可以用人工制备样品或样品溶液进行考察
USP	—
UC	—
NATA	日常使用中的典型样品，应为均匀状态，如果不能获得，需用人工制备的样品或样品溶液进行考察。如果样品之间，目标物浓度差异 50% 以上，应考察不同的样品。如果存在不同样品的（尽量是不同时间的）精密度试验数据，并且每组数据的方差之间没有显著差异，可以将数据合并计算汇总标准偏差
国家药典委员会	均匀样品

精密度的研究为在需要的测试条件下对一个合适的样本重复测试，并计算结果的标准偏差或相对标准偏差，样本重复测试的数量对精密度结果的影响较大，应能够提供可靠的标准偏差预估值。ISO 未对其明确规定，而 AOAC 和 IUPAC 等其他组织和机构有明确的规定，其规定主要来源于统计学上标准偏差 σ 的置信区间（$s=1$）与观察次数关系，如图 6-2 所示，可以看出，当观察次数少于 6 次时，置信区间非常宽，说明预估的标准偏差不够可靠；当次数增加时，置信区间变窄，但是超过 15 次之后，置信区间变化很小。

NATA 对重复性和再现性的自由度也有详细的阐述，如表 6-4 所示。自由度（degrees of freedom）指统计学上，可以自由变化的值的个数，例如，对

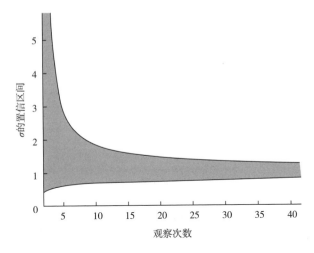

图 6-2　统计学上，σ 的置信区间与观察次数的关系图（$s=1$）

于一个具有 10 个值的样本，如果知道了样本的均值以及样本中的 9 个值，那么第 10 个值也是已知的，即只有 9 个值是自由变化的。自由度是很多统计检验的一个输入。例如，在计算方差和标准偏差时，分母 $n-1$ 就是自由度。为什么要使用自由度？在使用一个样本估计总体的方差时，如果在分母上使用了 n，那么估计的偏差就会偏小，如果在分母上使用了 $n-1$，这时估计就是无偏的。

表 6-4　　　　　　　　　　　　　**NATA 对自由度的阐述**

每批次样品数	样品批次	重复性标准差自由度	再现性标准差自由度
7	1	6	—
4	2	6	7
3	3	6	8
2	6	6	11
1	m	$(n-1)*m$	$n*(m-1)$

2. 精密度试验实施过程及结果评价方法

AOAC 和 IUPAC 等其他组织和机构对重复性、中间精密度、再现性做出了详细的规定，具体见表 6-5~表 6-7。

表 6-5 **代表性组织、机构对重复性确认、验证要求**

组织机构	对重复性确认、验证要求
AOAC	共同实验：通常 8~10 个实验室，最终提供有效数据的实验室至少 8 个，如果实验成本较高，可降至 5 个；每个实验室至少 5 个样品，每个样品测试 2 次
	单一实验室：为获得更具代表性的精密度，而不是最好的精密度，应在目标物的相关浓度下，浓度差接近一个数量级，分别测试。采用 $RSD_R, \% = C^{-0.15}$ 计算 $HORRAT_R$ 系数，范围应在 0.5~2
IUPAC	单一实验室：接近操作范围的极端值对精密度进行简单的评估，连同使用合适的统计学方法检验方差的差异。F 检验适合于正态分布
FDA	—
ICH	方法 1：测量范围内的高、中、低浓度下，每个浓度至少 3 次 方法 2：100% 测试浓度下，测定至少 6 次
USP	同 ICH
UC	准备一组同样基质的样品，添加一定量的分析物，使浓度相当于最低要求执行限（MPRL）的 1 倍、1.5 倍和 2 倍，或者容许限的 0.5 倍、1 倍和 1.5 倍。每个浓度至少应做 6 个平行测定
NATA	至少 6 个自由度，如 1 个样品至少重复 7 次，2 个样品分别重复 4 次，3 个样品分别重复 3 次
国家药典委员会	在规定范围内，取同一浓度（分析方法拟定的样品测定浓度，相当于 100% 浓度水平）的供试品，用至少 6 份的测定结果进行评价；或设计至少 3 种不同浓度，每种浓度分别制备至少 3 份供试品溶液进行测定，用至少 9 份样品的测定结果进行评价。采用至少 9 份测定结果进行评价时，浓度的设定应考虑样品的浓度范围。采用 $RSD_R, \% = C^{-0.15}$ 计算 $HORRAT_R$ 系数，范围应在 0.5~2

表 6-6 **代表性组织、机构对中间精密度确认、验证要求**

组织机构	对中间精密度确认、验证要求
AOAC	单一实验室：应考察不同分析员、不同的日期、不同的仪器等变量，同时目标物的浓度相差约一个数量级，至少设计 5 组重复性试验

续表

组织机构	对中间精密度确认、验证要求
FDA	精密度数据可能是在各种不同条件下获得的，除了最低限度的重复性和上述运行条件的诸多信息，获取更多的信息可能是适当的。例如，它可能对结果的评估有益，或为了改善测量条件，独立的操作员和运行效应，几个工作日间或一个工作日内的效应，或使用一个或几个仪器可达到的精密度等。不同的设计范围和统计分析技术都可供使用，在所有的研究中细致的试验设计始终被强烈地建议。重要的是，精密度数值是可能的测试条件的代表。运行中条件的变化必须代表方法常规使用时实验室通常发生的变化。例如，应代表试剂的批次、分析员和仪器的变化
USP	中间精密度的建立依赖于使用方法的环境。申请人应该确定随机事件对分析方法的精密度的影响。需要考察的典型变量包括试验日期、分析人员、仪器设备等。可设计试验（如矩阵形式）而无需逐一考察这些因素的影响
UC	准备一组特定原料的测试样（相同或不同基质），添加一定量的分析物，使浓度相当于最低要求执行限的 1 倍、1.5 倍和 2 倍，或者容许限的 0.5 倍、1 倍和 1.5 倍。每个浓度至少做 6 次平行测定。如果可能应在至少两个场合，由不同操作员重复以上步骤。不同场合的操作环境条件是指不同批次的试剂、溶剂、不同的室温、不同仪器等。标准偏差小于 Horwitz 再现性值，对已有容许限的物质，方法的实验室内再现性不应大于在 0.5 倍容许限的浓度下相应的再现性变异系数
国家药典委员会	考察随机变动因素如不同日期、不同分析人员、不同仪器对精密度的影响，应进行中间精密度试验

表 6-7   **代表性组织、机构对再现性确认、验证要求**

组织机构	对再现性确认、验证要求
AOAC	共同实验：通常 8~10 个实验室，最终提供有效数据的实验至少 8 个，如果实验成本较高，可降至 5 个；每个实验室至少 5 个样品，每个样品测试 2 次。可通过 $RSD_R, \% = 2C^{-0.15}$ 判断
	单一实验室：可通过 $RSD_R, \% = 2C^{-0.15}$ 预估
IUPAC	单一实验室：Horwitz
ICH	再现性指不同实验室之间测定结果的精密度，通常适用于方法的标准化。这些数据并不作为上市许可文档的一部分
UC	当需要验证再现性时，各实验室应根据 ISO 5725-2：1994 参加合作检验。测试结果需满足 Horwitz Tompson 校正
NATA	精密度随着目标物浓度降低而下降

续表

组织机构	对再现性确认、验证要求
国家药典委员会	国家药品质量标准采用的分析方法，应进行再现性试验，如通过不同实验室协同检验获得再现性结果。协同检验的目的、过程和再现性结果均应记载在起草说明中。应注意再现性试验所用样品质量的一致性及储存运输中的环境对该一致性的影响，以免影响再现性试验结果。可通过 $RSD_R, \% = 2C^{-0.15}$ 判断

第3节　相关ISO标准对精密度试验的统计分析

一、精密度计算方法

对每个浓度水平计算3个方差，即重复性方差、实验室间方差和再现性方差。

共有 p 个实验室，第 i 个实验室产生 n_i 个观测值，其平均值为 $\overline{y_i}$ ，总平均值可按式（6-1）计算：

$$\text{总平均值 } \overline{\overline{y}} = \frac{\sum_{i=1}^{p} n_i \overline{y_i}}{\sum_{i=1}^{p} n_i} \tag{6-1}$$

重复性方差可按式（6-2）计算：

$$S_r^2 = \frac{\sum_{i=1}^{p} (n_i - 1) S_i^2}{\sum_{i=1}^{p} (n_i - 1)} \tag{6-2}$$

式中　S_i——第 i 个实验室的 n_i 个观测值的标准偏差。

实验室间方差可按式（6-3）计算：

$$S_L^2 = \frac{S_d^2 - S_r^2}{\overline{\overline{n_i}}} \tag{6-3}$$

其中：

$$S_d^2 = \frac{1}{p-1} \sum_{i=1}^{p} n_i (\overline{y_i} - \overline{\overline{y}})^2 = \frac{1}{p-1} \Big[\sum_{i=1}^{p} n_i (\overline{y_i})^2 - (\overline{\overline{y}})^2 \sum_{i=1}^{p} n_i \Big]$$

$$\overline{\overline{n_i}} = \frac{1}{p-1} \Big[\sum_{i=1}^{p} n_i - \frac{\sum_{i=1}^{p} n_i^2}{\sum_{i=1}^{p} n_i} \Big]$$

再现性方差按式（6-4）计算：

$$S_R^2 = S_r^2 + S_L^2 \qquad (6-4)$$

由于受到误差影响，当计算结果 S_L 出现负值时，应将该值设置为零。

二、精密度计算流程

不同国家和组织推荐的精密度计算流程不完全一样，以下为 ISO 推荐的一种常见的计算流程（图 6-3）。

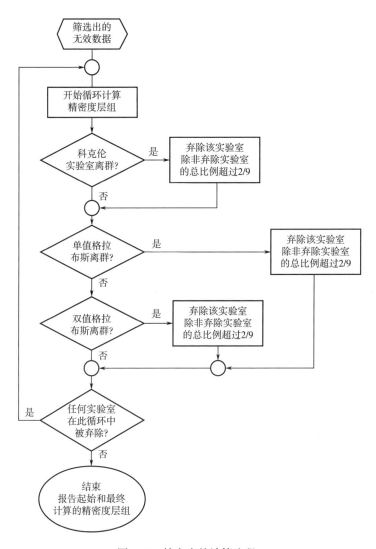

图 6-3　精密度的计算流程

数据的分析是一个统计问题，应由统计专家来解决，它包括以下 3 个相继的步骤：

①对数据进行检查，以判别和处理离群值或其他不规则数据，并检验模型的合适性；

②对每个水平分别计算精密度和平均值的初始值；

③确定精密度和平均值的最终值，且在分析表明精密度和水平 m 之间可能存在某种关系时，建立它们之间的关系。

三、经更正或被剔除的数据

因为一些数据根据统计检验可能经过更正或予以剔除，因此，用于最后确定精密度和平均值的可能与原始测试结果不同。所以在报告精密度最终值时，如果有经过更正或剔除的数据应予指出。

四、测试结果的一致性和离群值检查

测试结果的一致性和离群值检查是精密度计算的一个重要环节，由于个别实验室或数据可能与其他实验室或其他数据明显不一致，从而影响估计，必须对这些数值进行检查。对离群值的处理建议使用如下方法。

检验判别歧离值或离群值：

①如果检验统计量≤5%临界值，则接受检验的项目为正确值。

②如果检验统计量>5%临界值，但≤1%临界值，则称被检验的项目为歧离值，且用单星号（＊）标出。

③如果检验统计量>1%临界值，则被检验的项目称为统计离群值，且用双星号（＊＊）标出。

调查歧离值与统计离群值是否能用某些技术错误来解释，如：

①测量时的失误。

②计算错误。

③登录测试结果时的简单书写错误。

④错误样本的分析。

当错误是属于计算或登录类型时，应用正确的值来代替可疑的结果；当错误是来自对错误样本分析时，应用正确单元的结果代替。在进行这样的更正以后，应再一次考察歧离值和离群值。如果不能用技术错误解释，从而不能对它们进行更正时，宜将这些值作为真正的离群值予以剔除，真正的离群值属于不正常的测试结果。

当歧离值和（或）统计离群值不能用技术错误解释或它们来自某个离群实验室时，歧离值仍然作为正确项目对待而保留；而统计离群值则应被剔除，除非统计专家有充分理由决定保留它们。

1. 检验一致性的图方法

该方法需用到称为曼德尔的 h 统计量和 k 统计量两种度量。除用来描述测量方法的变异外，这两个统计量对实验室评定也是有用的。

对每个实验室的每个水平，计算实验室间的一致性统计量 h，方法是用单元对平均值的离差（单元平均值减去该水平的总平均值）除以单元平均值的标准差，可按式（6-5）计算：

$$h_i = \frac{\bar{y}_i - \bar{\bar{y}}}{\sqrt{\dfrac{1}{p-1}\sum_{i=1}^{p}(\bar{y}_i - \bar{\bar{y}})^2}} \tag{6-5}$$

式中 $\bar{y}_i$——第 i 个实验室的平均值；

$\bar{\bar{y}}$——p 个实验室的总平均值。

按实验室顺序，以每个实验室的不同水平为一组，描点作图（图 6-4，称为 h 图）。

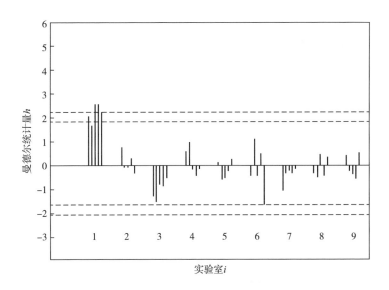

图 6-4 曼德尔统计量 h 图

h 图有不同的模式。对试验的不同水平，实验室的 h 值可正可负。一个实

验室的 h 值可能皆为正值，或皆为负值，取负值的实验室数与取正值的实验室数大致相等。虽然上述第二种模式表明有共同的实验室偏倚来源的可能，但这两种模式都是正常的，不需要做特别的检查。另一方面，若有一个实验室的 h 值皆取同一符号（正或负），而所有其他实验室的 h 值皆取另一种符号，就需要查找原因。类似的，若一个实验室的用值比较极端，且与试验水平有系统的依赖关系，则也需查找原因。可在 h 图上根据临界值画出临界线，用于考察数据的行为模式。

对每个实验室 i，计算实验室内的一致性统计量 k，可按式（6-6）计算：

$$k_i = \frac{s_i\sqrt{p}}{\sqrt{\sum_{i=1}^{p} s_i^2}} \tag{6-6}$$

按实验室顺序，以每个实验室为一组，描点作图（图 6-5，称为 k 图）。

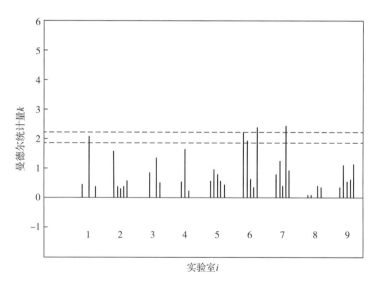

图 6-5　曼德尔统计量 k 图

如果一个实验室的 k 图上的多个点值都很大，就要查找原因，这表明该实验室的重复性比其他实验室差。一个实验室可因对数据的连续修约或测量的不灵敏等因素而造成 k 值偏小。在 k 图上可根据临界值画出临界线，用于考察数据的行为模式。

检查 h 图与 k 图可以发现是否有某个实验室测试结果与考察的其他实验

室明显不同。这里的不同表示为单元内变异一致的高或低，或者单元平均值在许多水平上皆为最高或最低。若发生此种情况，应与该实验室接触，探究造成此类不同行为的原因，根据调查结果，统计专家可以采取暂时保留该实验室的数据；要求实验室重新进行测量（如果可行）；剔除该实验室的数据几种措施。

当按实验室分组的 k 图或 h 图表明某个实验室有好几个 k 值或 h 值接近临界线时，就应考察相应的按水平分组的图。通常在按实验室分组的图中某个值看起来好像大，但实际上当在同一水平上比较时，其他实验室的值与它还是很一致的。如果与其他实验室的值相差很大，就要查找原因。

2. 检验离群值的数值方法

科克伦（Cochran）检验和格拉布斯（Grubbs）检验是两种非常经典的统计检验。科克伦检验是对实验室内变异的检验，应该首先应用。若因此采取了任何行动，就有必要再次对剩下的数据进行检验。格拉布斯检验主要是对实验室间变异的检验，但当 $n>2$ 且科克伦检验怀疑一个实验室内较高的变异是来自某个测试结果时，格拉布斯检验也可用来对该单元的数据进行检验。

（1）科克伦检验　给定 p 个由相同的 n 次重复测试结果计算的标准偏差 S_i。科克伦检验统计量（C）按式（6-7）计算：

$$C = \frac{S_{max}^2}{\sum_{i=1}^{p} S_i^2} \tag{6-7}$$

式中　S_{max}——这组标准偏差中的最大值。

科克伦检验严格应用在所有标准偏差都是在重复性条件下，且由相同数目的测试结果计算得出的情形。实际中由于数据的缺失或剔除，测试结果数可能不同。本部分假定在正常组织的试验中，每个单元中测试结果数目不同所造成的影响是有限且可以忽略的，科克伦检验中所用的 n 可取为多数单元中的测试结果数。科克伦检验仅对一组标准偏差中的最大值，从而是单侧离群值检验。当然，方差不齐也包含使某些标准偏差相对较小，然而小的标准偏差可能很大程度受原始数据修约程度的影响，因而并不可靠。另外，似乎也没有理由拒绝一个比其他实验室精密度都要高的实验室的数据。因此科克伦检验是合理的。

当一个特定实验室的标准偏差全部或在大多数水平下都比其他实验室的低，表明该实验室的重复性标准差要比其他实验室的低，这可能是由于它们有较好的技术或设备，也可能由于修改了或不适当地应用了标准测量方法。如果是后一种情况，应向领导小组报告，由领导小组决定是否应该进行更详细的调查。

如果最大标准偏差经检验判为离群值，应将该值剔除而对剩下的数据再次进行科克伦检验，此过程可以重复进行。但是当分布为近似正态的假设没有充分满足时，这样有可能导致过度的拒绝。重复应用科克伦检验，仅在没有同时检验多个离群值的统计检验时使用。科克伦检验不是为同时检验多个离群值而设计的，因此在下结论时要格外小心。当有两个或三个实验室的标准偏差都比较高，尤其如果这是在一个水平内得出的时候，由科克伦检验得出的结论应该仔细核查。另一方面，如果在一个实验室的不同水平下发现多个歧离值和（或）统计离群值，这表明该实验室的室内方差非常高，来自该实验室的全部数据都应该被拒绝。

（2）格拉布斯（Grubbs）检验 给定一组数据 x_i，$i=1$，2，$\cdots p$，按其值大小升序排列成 $x_{(i)}$，格拉布斯检验是检验最大观测值 x_p 是否为离群值，按式（6-8）计算格拉布斯统计量 G_p：

$$G_p = (x_p - \bar{x})/S \tag{6-8}$$

$$\bar{x} = \frac{1}{p}\sum_{i=1}^{p} x_i$$

$$S = \sqrt{\frac{1}{p-1}\sum_{i=1}^{p}(x_i - \bar{x})^2}$$

式中 S——该组数据标准偏差；

$\bar{x}$——该组数据均值。

而为检验最小观测值 x_1 是否为离群值，则按式（6-9）计算检验统计量 G_1：

$$G_1 = (x_1 - \bar{x})/S \tag{6-9}$$

对一个水平的数据，对样本平均值应用一个离群值情形的格拉布斯检验，若其中最大的或最小的单元平均值经检验为离群值，则将其剔除；对剩下的单元平均值重复进行同样的检验。看另一个极值（若前一个检出的为最大值，则第二次检验最小值）是否为离群值。

第 4 节　其他代表性验证指南对精密度的规定及评价方法

ISO 5725 只是规定了精密度包括重复性、再现性、中间精密度的测定方法，强调了实施过程中的注意事项，以及统计数据的处理和计算，并未评价最终得到的精密度结果，而 ISO 17025：2017 也只是在很宏观的层面上阐述了方法学确认的目的和总体要求，没有提到方法验证的内容及其具体评价方式。针对具体的验证方法，国际上主要采用两种方法评估精密度结果，一种为经典的统计计算，另外一种是 HORRAT 系数评价方法。经典的统计计算方法，如 USP 采用卡方分布（chi-square distribution），根据测试的标准偏差 S，计算位于 100（1-α）%置信区间的标准偏差 σ，并和方法的规定值比较，从而判断该次测试的精密度是否满足要求，可按式（6-10）计算：

$$U = S\sqrt{\frac{n-1}{\chi^2_{\alpha;\,n-1}}} \tag{6-10}$$

式中　U——处于 100（1-α）%置信区间的上限值；

　　　S——计算的标准偏差；

　　　n——数据的数量；

　　$\chi^2_{\alpha;\,n-1}$——自由度为 $n-1$，面积左侧为 α 处的分位数。

　　比如，计算出 S 为 4.44mg/g，n 为 9，α 为 0.05，从卡方分布的分位数表查找得到，$\chi^2_{0.05;8}$ 为 2.73，则 $U = S\sqrt{\frac{n-1}{\chi^2_{\alpha;\,n-1}}} = 4.44\sqrt{\frac{9-1}{2.73}} = 7.60\text{mg/g}$，即在 95%置信区间下，标准偏差 σ 不会超过 7.60mg/g，假如之前规定该方法精密度 σ，允许的最大值为 20mg/g，由于计算出来的 7.60mg/g<20mg/g，则本次测试的精密度在 95%置信区间下被确认成功。另外 USP（USP Chapter 1210 Statistical Tools for Procedure Validation）推荐采用统计工具对方法进行验证，如 WinBUGS 软件，BUGS（Bayesian inference using gibbs sampling）软件最初于 1989 年由位于英国剑桥的生物统计学研究所（Biostatistics the Medical Research Council，Cambridge，United Kingdom）研制的，现在由这个研究所和位于伦敦的 S.t Mary's 皇家学院医学分院（the Imperial College School of Medicine）共同开发。最初的 BUGS 软件没有 Windows 版本，第一个针对 Windows 操作系统的测试版本是在 1997 年推出的，称作 WinBUGS。WinBUGS 分析基于贝叶斯 Meta 分析，由于经典统计学派的统计量，往往不易找到精确的有限样本分布，因此，多数情况下是基于大样本渐近分布做出统计推断，而贝叶斯学派则可直接计算精确的有限样本分布，并不依赖于渐近理论，且充分考虑了模型的不确定性。以下为 WinBUGS 操作贝叶斯 Meta 分析步骤。

一、BUGS 的运行

BUGS 的运行以 MCMC 方法为基础，它将所有未知参数都看作随机变量，然后对此种类型的概率模型进行求解。它所使用的编程语言非常容易理解，允许使用者直接对研究的概率模型做出说明。WinBUGS 是在 BUGS 基础上开发面向对象交互式的 Windows 软件版本，提供了图形界面，允许用鼠标的点击直接建立研究模型。

二、构建模型及数据输入

以固定效应模型为例，构建模型及数据输入如图 6-6。

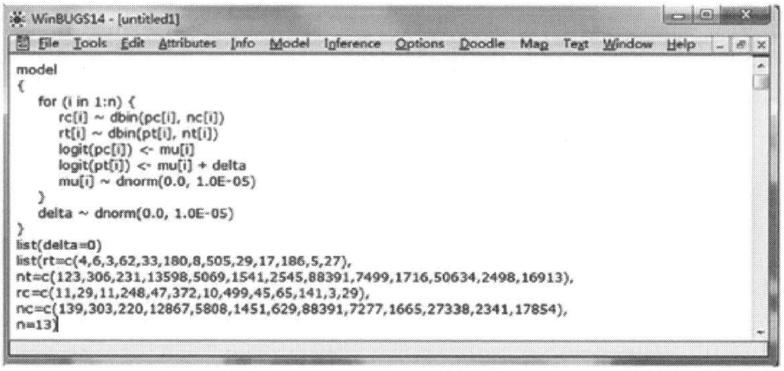

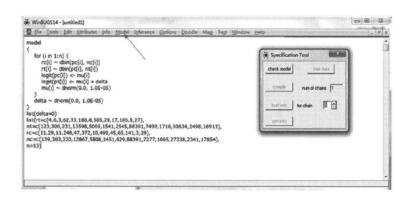

图 6-6　模型的构建及数据输入

三、模型的确定

选择 "model" 下拉菜单中 "Specification" 选项，会跳出 "Specification Tool" 对话框（图 6-7），模型的确定分以下 4 步。

图 6-7　选择 model 对话框

（1）模型的检查（check model）　将光标移到描述统计模型的语句"model"处，选中"model"字样，再点击"Specification Tool"对话框的"check model"处，若对模型描述的语法正确的话，则窗口底部左下角会提示"model is syntactically correct"（图 6-8）。

图 6-8　选择 model 对话框检查模型

（2）加载数据（load data）　将光标移到数据的语句前面的"list"处，选中"list"字样，再点击"Specification Tool"对话框的"load data"，若对模型描述的语法正确的话，则窗口底部左下角会提示"data loaded"（图 6-9）。

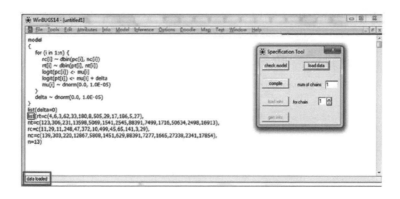

图 6-9　选择 model 对话框加载数据

（3）编译（compile）　点击"Specification Tool"对话框的 compile，编译成功后，窗口底部左下角会提示"model compiled"，同时也激活了初始值的按钮（图 6-10）。

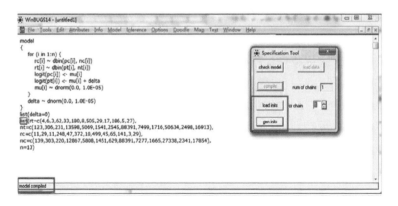

图 6-10　选择 model 对话框模型的编译

（4）加载初始值（load inits）　与加载数据类似，选定初始值的"list"，点击"Specification Tool"对话框的"load inits"，加载成功后，窗口底部左下角会提示"initial values generated，model initialized"（图 6-11）。

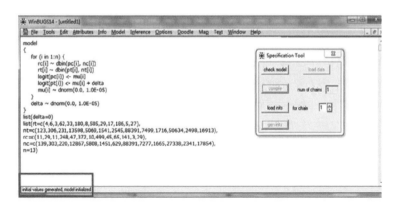

图 6-11　选择 model 对话框加载初始值，成功建立模型

四、指定要考察的参数

从"Inference"下拉菜单中选中"Samples"选项，出现"Sample Monitor Tool"对话框（图 6-12）。

五、迭代运算

判断迭代运算的收敛性，可从总运算结果中判断，因此再次直接正式迭代运算。选择"model"下拉菜单中的"Updatd"选项，会弹出"Update Tool"对话框，在该对话框的"updates"处输入所需迭代的次数，默认为

图 6-12　选择 model 对话框设定参数

10000 次，然后点击"update"按钮（图 6-13）。

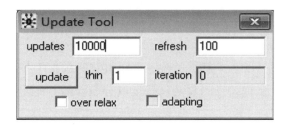

图 6-13　选择 model 对话框设置迭代模型

六、输出迭代计算结果

从"Inference"下拉菜单中选中"Samples"选项，出现"Sample Monitor Tool"对话框，然后于"node"后的输入框中输入"＊"（"＊"代表指定的所有参量）。可以获得相应的后验分布的相关统计量以及迭代是否收敛，如点击"trace"给出 Gibbs 动态抽样图，点击"stats"会给出参数的计算结果（图 6-14、图 6-15）。

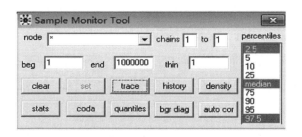

图 6-14　选择 model 对话框输出迭代计算结果

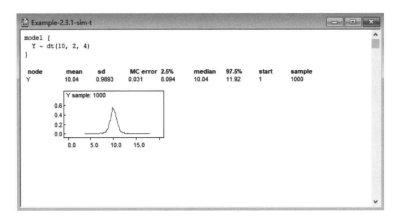

图 6-15　选择 model 对话框迭代计算结果绘制图

HORRAT 系数评价方法，有 Horwitz 曲线、Horwitz 方程和 HORRAT 系数 3 种形式，其是基于共同实验数据的经验方程和系数，如果需要更严格的认证，则需要用经典的统计学公式计算并验证。HORRAT 系数评价方法最初由 AOAC 的 William Horwitz 依据大量的食品和药剂成分检验的共同实验数据绘制而成，如图 6-16 所示，可以看出，变异系数与浓度呈指数级关系，这一关系最初由 Jung-Keun Lee 拟合为 $RSD_R = 2^{(1-0.5\log C)}$，之后由 IUPAC 的 Thompson 转化为表 6-8 中的 Horwitz 方程，其中 RSD_R（%）$= 2C^{-0.15}$ 和 $S_R = 0.02C^{0.85}$ 被广泛采用。将实测的 RSD_R 与按上述方程计算的 RSD_R 比较，可得到 HORRAT 系数，即 $HORRAT_R = RSD_R$（实测,%）$/RSD_R$（计算,%）。该计算方法和 HORRAT 系数被 AOAC 和 EU、EC 采用，并用于方法认证指南和规定中。AOAC 对 HOR-RAT 系数进行了规定和说明，HORRAT 值在 0.5~1，表明该方法的性能符合历史性能，容许的性能范围是 0.5~2。方法的精密度必须包含在合作研究的草案中。HORRAT 将用作方法精密度的可接受性检查的指导。HORRAT 适用于大多数化学方法。HORRAT 不适用于物理性质（黏度、阻力指数、密度、pH、吸收率等）和经验方法［例如，纤维、酶、水分、不确定分析物（如聚合物）的方法］和"质量"测量方法（如，沥干物重）。极端浓度范围（接近 100% 和小于或等于 10^{-8}，10^{-8} 相当于 10ng/mL 水平）也可能产生偏差。应当使用下列指南来评估试验精密度。

（1）HORRAT≤0.5　由于缺乏试验的独立性，未报告平均值，或者存在磋商的情况，方法再现性可能存在疑问。

（2）0.5<HORRAT<1.5 方法再现性跟预期一样，当该系数位于该区间且小于 1，值越小，S_R 精密度越好；当该系数位于该区间且大于 1，值越大，表明 S_R 精密度越差；。

（3）HORRAT>1.5 方法再现性高于预期，项目负责人应当仔细调查"高" HORRAT 的原因（例如，试验样品是否足够均匀，不确定的被分析物或性能），并在合作研究报告中讨论。

（4）HORRAT>2.0 方法再现性有问题。高 HORRAT 可能导致放弃该方法，因为它预示着在该方法或该研究中存在无法接受的缺陷。某些组织可能将 HORRAT 的相关信息用作不接受该方法用于官方目的的标准（例如，EU 最近的一个案例，用于分析食品中黄曲霉毒素的方法，官方仅允许 HORRAT≤2 的方法）。

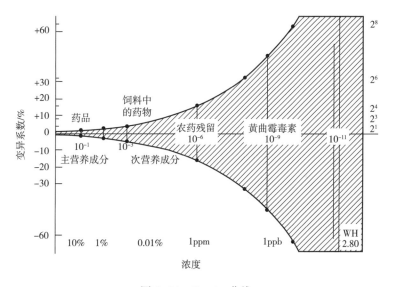

图 6-16 Horwitz 曲线

表 6-8 几种常见的 Horwitz 方程

参数	Horwitz 方程	备注
CV，变异系数	CV = 0.02$C^{-0.15}$ 或 CV = 0.02$C^{-0.1505}$	C 为平均浓度，以质量分数表示；CV = RSD$_R$（%）/100 = S_R/C；RSD$_R$（%）= 100 * CV
S_R，实验室间标准偏差	S_R = 0.02$C^{0.85}$ 或 S_R = 0.02$C^{0.8495}$	
RSD$_R$，实验室间相对标准偏差	RSD$_R$（%）= 2$C^{-0.15}$ 或 RSD$_R$（%）= 2$C^{-0.1505}$	

第5节　精密度评价共同实验实例分析

一、例1：CORESTA 比对两种生物碱测试方法精密度的共同实验

2014 年，CORESTA 将新建的安全性更好的方法 NCM 与之前的 CRM35-连续流动法测试烟草制品中生物碱做对比，共有国际上 19 家实验室，采用上述 2 种方法对 8 个代表性样品（表 6-9）进行测试，对同一样品每个方法至少重复 6 次。测试结果如图 6-17 所示。

表6-9　　　　　　　　　　　　实验代表性样品

样品编号	样品	中文名称
A	flue-cured tobacco	烤烟
B	burley tobacco	白肋烟
C	oriental tobacco	香料烟
D	dark sun-cured tobacco	晒红烟
E	fire-cured cigarette	烤烟型卷烟
F	blended cigarette	混合型卷烟
G	CM7	CM7
H	3R4F	3R4F

参照 ISO 5725 方法对原始数据进行离群值检验，先后采用 Cochran 和 Grubbs 检验，对异常值剔除，直到没有新的异常值出现或实验室数量下降超过 22.2%（图 6-3）。具体流程如下：首先应用 Cochran 离群值检验，如果一个离群实验室被识别，那么进行单值 Grubbs 测试，当某个值被标识为异常值时，只删除该值。如果没有单独的值被识别为异常值，则将弃除异常实验室的数据。但如果删除实验室数量超过 22.2%（9 个中的 2 个），则停止弃除实验室。采用上述方法，将删除数据标记如表 6-10 所示，最终计算的结果如表 16-11 和表 6-12 所示，两种方法的重复性和再现性无明显差异，最终，新方法被 CORESTA 采用。

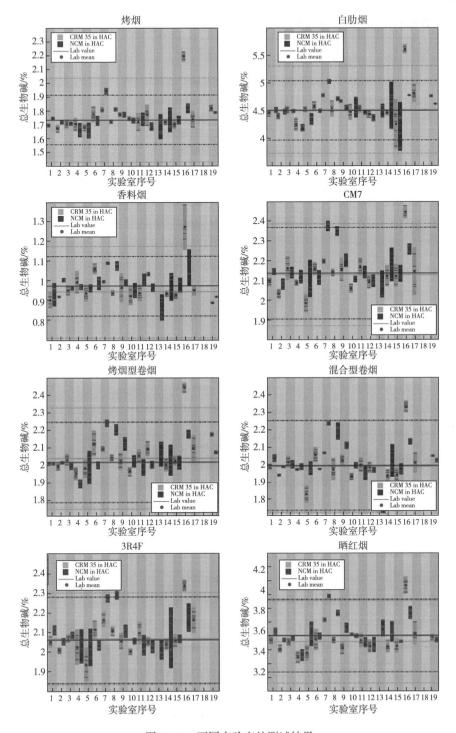

图 6-17　不同实验室的测试结果

表 6-10 **采用 Cochran 和 Grubbs 检验剔除的实验室**

样品	检验方法	CRM35 乙酸萃取法	NCM 乙酸萃取法
A	Cochran	17	13, 14, 5
	Grubbs	16	—
B	Cochran	15, 17	15, 10, 14
	Grubbs	16	—
C	Cochran	16, 9, 4	14, 13, 1
	Grubbs	—	—
D	Cochran	6	5, 14, 13
	Grubbs	16	—
E	Cochran	17	5, 14, 13
	Grubbs	16	—
F	Cochran	8	14, 13, 8
	Grubbs	16	—
G	Cochran	17, 3	5, 14, 13
	Grubbs	16	—
H	Cochran	4	14, 5, 4
	Grubbs	—	

表 6-11 **CRM35 乙酸萃取法**

样品	平均值/%	r	r/%	R	R/%
A	1.74	0.04	2.39	0.13	7.51
B	4.53	0.11	2.39	0.41	8.99
C	0.96	0.04	4.04	0.14	14.66
D	3.51	0.07	2.06	0.26	7.46
E	2.04	0.05	2.57	0.18	8.69
F	1.98	0.04	2.14	0.18	8.99
G	2.11	0.05	2.33	0.17	8.19
H	2.08	0.06	2.80	0.26	12.55

注：r 为重复性标准差，r/% 为重复性相对标准偏差；R 为再现性标准差，R/% 为再现性相对标准偏差。

表 6-12 　　　　　　　　　　　　　　NCM 乙酸萃取法

样品	平均值/%	r	r/%	R	R/%
A	1.76	0.04	2.28	0.19	11.04
B	4.53	0.08	1.87	0.56	12.35
C	1.00	0.03	3.38	0.14	13.70
D	3.60	0.06	1.60	0.44	12.29
E	2.05	0.04	1.79	0.27	13.19
F	2.02	0.03	1.59	0.23	11.23
G	2.17	0.04	1.95	0.27	12.25
H	2.10	0.05	2.34	0.25	11.82

注：r 为重复性标准差，$r/\%$ 为重复性相对标准偏差；R 为再现性标准差，$R/\%$ 为再现性相对标准偏差。

二、例 2：CORESTA 关于不同烟草制品中次级生物碱测试方法精密度评价的共同实验

2015 年，CORESTA 组织了 15 家实验室分析测试不同烟草制品中次级生物碱如降烟碱和新烟碱。由于降烟碱和新烟碱不太稳定，易降解，CORESTA 对样品的制备做了详细说明（表 6-13）。如果分析实验在收到样品后一周内完成，样品应储存在约 4℃ 条件下；如果分析会延迟，将样品存放在 -20℃ 条件下。如果样品未在上述条件下存放，不应使用。对于雪茄样品，必须遵循以下解冻程序，以确保整个样品的水重新平衡：将未打开的样品从 -20℃ 环境放入 4℃ 冰箱中平衡至少 24h，之后将其放在室温条件下平衡至少 1h。对于研磨过的样品，在打开之前，用力摇动以打破结块，使样品重新均质。样品分析检测后，所有剩余样品应保存在 -20℃ 的密封容器中，以供将来其他共同实验的使用。

表 6-13 　　　　　　　　　　　　　　样品制备说明

产品	样品制备
CRP1	从盒子中取出一袋样品，把袋子切成两半，先将袋子中材料加入萃取装置中，之后将袋子也放入其中
CRP2，CRP3，Mint MST	样品无需研磨即可分析

续表

产品	样品制备
1R6F，CM8	去除卷烟纸和滤嘴后，将 20 支香烟（一包）的烟丝取出，研磨，混合均匀后测试
1R5F 烟丝和雪茄烟丝	这些产品的烟丝已预先研磨并均质。因此，使用前混匀后，即可测样

15 家共同实验数据如表 6-14 和表 6-15 所示，其未采用 ISO 5725 的推荐方法 Cochran 检验，而采用了 Levene 检验方法，但这种方法并不直接适用，需要对其修改后使用。采用改良后的检验方法和 Grubbs 对数据离群值检验，结果如表 6-16 所示，其中实验室 5 的 1R6F 样品，和实验室 3 的 CM8 样品出现离群值，其原始数据从图 6-16 也可看出，实验室内精密度较大。其对实验室 3 的 CM8 样品的其中一个数据删除后，重新计算，结果如表 6-17、表 6-18 所示。

表 6-14　　　　　　　　　降烟碱共同实验原始数据　　　　　　　单位：μg/g

实验室	重复	1R5F	1R6F	CM8	CRP1	CRP2	CRP3	雪茄烟丝#1	雪茄烟丝#2	Mint MST
	1	967.2	NA	1457	293.7	375.3	763.2	NA	NA	308.3
1	2	989.4	NA	1732	277.5	386.0	770.3	NA	NA	305.6
	3	993.4	NA	1541	278.7	387.6	773.2	NA	NA	317.9
	1	684.5	807.4	1271	233.5	230.1	501.4	424.5	370.7	194.4
2	2	636.2	742.23	1299	260.2	215.0	508.1	421.8	355.7	182.8
	3	635.6	748.7	1222	247.7	235.5	491.2	423.8	383.1	194.0
	1	813.0	980.2	1284	189.3	315.4	628.6	520.2	479.0	249.6
3	2	888.6	932.1	1208	184.2	264.8	627.0	516.4	475.2	261.2
	3	794.1	834.4	1864	199.7	281.5	581.9	536.4	477.0	259.6
	1	842.6	754.0	1356	221.5	261.2	594.3	494.7	449.9	285.8
4	2	789.4	769.3	1437	219.6	277.8	595.3	492.9	445.2	262.3
	3	835.6	756.0	1401	225.4	268.7	601.4	516.7	442.3	270.1
	1	810.2	924.4	1188	205.3	280.7	491.0	527.6	462.1	338.7
5	2	816.6	746.7	1395	247.9	260.3	617.2	500.7	469.6	292.0
	3	799.0	669.6	1362	190.5	268.2	638.9	514.4	465.5	296.8

续表

实验室	重复	1R5F	1R6F	CM8	CRP1	CRP2	CRP3	雪茄烟丝#1	雪茄烟丝#2	Mint MST
	1	883.1	613.6	1080	181.8	NA	NA	399.0	349.7	189.7
6	2	894.3	613.4	1114	177.4	NA	NA	415.4	347.3	187.2
	3	885.0	615.1	1111	182.5	NA	NA	405.3	347.5	193.9
	1	831.8	852.2	1334	217.7	274.5	639.3	560.6	501.2	294.0
7	2	852.1	832.2	1434	213.7	280.0	647.4	560.4	489.4	292.4
	3	867.9	841.4	1431	218.7	296.5	624.1	542.6	491.4	284.1
	1	796.3	773.5	1376	194.5	267.9	536.5	468.6	453.9	285.2
8	2	786.4	735.2	1398	216.1	266.9	577.5	499.1	443.3	290.8
	3	810.5	744.0	1333	212.0	249.6	590.2	497.3	465.4	265.2
	1	963.1	NA	1363	NA	NA	NA	NA	NA	NA
9	2	989.4	NA	1362	NA	NA	NA	NA	NA	NA
	3	996.0	NA	1340	NA	NA	NA	NA	NA	NA
	1	695.3	719.6	1288	167.2	212.6	531.5	437.6	399.6	248.7
10	2	716.8	772.2	1313	183.0	224.8	537.7	454.6	413.5	246.0
	3	778.2	733.5	1314	193.6	245.7	537.3	497.9	393.0	238.5
	1	808.6	786.8	1352	207.1	277.9	618.5	513.2	447.1	229.6
11	2	786.0	744.3	1437	202.1	278.9	635.0	523.5	472.2	225.1
	3	780.7	777.8	1488	204.5	278.1	608.9	513.5	447.9	220.3
	1	723.0	628.0	1365	220.0	236.0	546.0	470.0	399.0	227.0
12	2	755.0	709.0	1262	242.0	257.0	555.0	453.0	399.0	228.0
	3	722.0	722.0	1369	221.0	257.0	570.0	493.0	406.0	224.0
	1	833.0	766.9	1389	232.2	299.0	621.4	532.1	491.7	302.6
13	2	824.6	766.4	1389	231.9	300.7	649.5	534.8	487.1	293.2
	3	862.5	764.4	1402	241.3	295.0	633.0	536.2	481.2	282.7
	1	758.2	821.8	1287	192.3	297.6	599.1	470.8	420.9	297.2
14	2	806.3	730.8	1649	241.6	285.9	567.5	462.2	430.9	252.7
	3	792.0	924.5	1248	234.8	269.4	565.4	470.0	394.6	298.4
	1	NA	NA	NA	NA	NA	NA	NA	NA	NA
15	2	NA	NA	NA	NA	NA	NA	NA	NA	NA
	3	NA	NA	NA	NA	NA	NA	NA	NA	NA

注：NA 为未分析（not analyzed）。

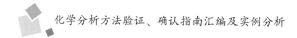

表 6-15   **新烟碱共同实验原始数据**   单位：μg/g

实验室	Rep	1R5F	1R6F	CM8	CRP1	CRP2	CRP3	雪茄烟丝#1	雪茄烟丝#2	Mint MST
	1	116.1	NA	271.7	49.6	70.8	115.8	NA	NA	56.9
1	2	119.4	NA	278.2	46.0	73.9	114.2	NA	NA	56.6
	3	124.6	NA	280.9	51.8	70.2	115.3	NA	NA	56.6
	1	110.9	141.0	282.4	54.6	59.0	104.7	55.3	46.2	52.2
2	2	112.3	125.7	292.0	65.4	61.5	108.4	51.0	44.3	47.6
	3	108.4	125.9	286.6	53.4	58.4	107.0	51.7	43.9	52.4
	1	105.6	126.7	232.3	37.5	58.8	107.1	55.1	38.8	48.0
3	2	102.4	114.7	268.2	38.4	62.8	100.2	55.0	44.9	52.2
	3	95.0	125.7	266.1	37.1	60.2	97.6	57.0	41.4	54.0
	1	110.8	110.2	241.5	43.5	59.1	100.3	54.4	44.9	51.9
4	2	107.0	109.4	248.5	44.0	58.4	98.6	55.1	44.1	50.2
	3	104.6	111.5	251.8	44.2	58.1	100.5	50.6	43.7	53.1
	1	111.5	132.0	245.5	40.4	70.7	90.0	62.7	50.7	65.2
5	2	114.9	104.6	261.3	48.8	65.4	106.7	59.1	51.0	56.5
	3	112.6	110.0	249.8	38.3	68.2	109.9	59.3	48.8	57.4
	1	103.5	94.5	217.0	39.1	NA	NA	44.6	39.9	42.0
6	2	100.6	94.1	213.4	37.2	NA	NA	44.2	38.8	41.5
	3	102.1	95.0	218.1	37.8	NA	NA	45.2	38.8	43.5
	1	103.8	112.7	237.5	40.7	56.1	103.3	54.1	43.9	52.0
7	2	103.5	109.3	241.0	39.0	57.9	102.8	56.9	46.7	52.4
	3	103.5	107.6	243.6	40.1	60.9	101.9	54.7	47.5	51.4
	1	102.7	109.0	244.2	37.6	60.7	99.7	48.2	44.1	51.6
8	2	99.9	102.0	229.2	43.5	55.7	102.3	49.0	42.2	49.7
	3	108.5	108.4	241.0	39.9	58.4	105.3	54.8	42.0	53.4
	1	111.5	NA	265.1	NA	NA	NA	NA	NA	NA
9	2	111.9	NA	265.8	NA	NA	NA	NA	NA	NA
	3	114.8	NA	265.6	NA	NA	NA	NA	NA	NA

续表

实验室	Rep	1R5F	1R6F	CM8	CRP1	CRP2	CRP3	雪茄烟丝#1	雪茄烟丝#2	Mint MST
	1	97.6	98.2	221.1	46.0	57.6	92.3	55.3	52.4	57.0
10	2	92.9	104.9	211.7	46.4	58.8	97.7	55.1	46.7	57.1
	3	98.6	103.0	218.7	44.4	61.3	97.2	57.0	49.0	55.7
	1	106.4	102.8	251.8	51.7	64.0	105.4	61.0	45.7	51.3
11	2	105.0	106.8	257.0	48.0	62.5	101.2	56.7	47.8	54.4
	3	105.5	106.1	254.7	44.1	65.1	101.0	55.5	47.5	51.5
	1	98.4	102.0	244.0	45.5	57.8	109.0	49.5	39.6	45.3
12	2	105.0	99.1	232.0	46.5	52.9	98.2	50.0	45.5	47.5
	3	98.6	103.0	233.0	38.7	56.7	96.0	49.3	39.2	46.3
	1	102.8	110.0	244.3	40.4	59.6	96.6	51.6	43.5	47.8
13	2	103.7	105.2	245.5	40.8	57.8	98.8	50.7	43.2	48.6
	3	102.0	103.7	252.4	39.8	58.1	96.5	50.4	41.7	48.1
	1	90.6	117.4	228.2	37.6	47.5	95.6	50.8	34.2	45.6
14	2	82.3	97.4	251.3	34.3	51.9	84.7	48.5	35.3	41.5
	3	96.2	97.4	234.7	38.5	52.6	81.1	45.3	34.8	40.2
	1	107.2	123.9	295.4	43.0	54.9	110.6	49.6	45.1	48.6
15	2	110.5	123.5	285.8	42.6	57.3	112.3	46.1	44.9	51.3
	3	109.0	120.5	276.3	42.2	55.7	113.6	49.6	45.0	52.7

注：NA 为未分析（not analyzed）。

表 6-16　　　　　　　　　　　　降烟碱离群值分布情况

样品	Levene 检验方法	Grubbs 检验方法
1R6F	实验室 5	—
CM8	实验室 3	—

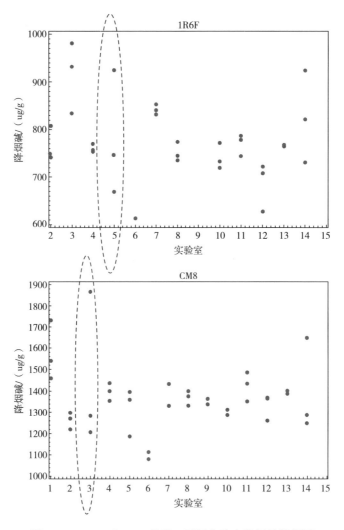

图 6-18　1R6F 和 CM8 样品，不同实验室的原始数据图

样品	实验室数目	平均值/（μg/g）	重复性		再现性	
			r	r/%	R	R/%
1R5F	14	821	70	8.5	259	31.5
1R6F	11	767	121	15.8	242	31.5
CM8	14	1348	240	17.8	358	26.6
CRP1	13	218	38	17.6	84	38.6

表 6-17　　　　　　　　　降烟碱的重复性、再现性

续表

样品	实验室数目	平均值/（μg/g）	重复性		再现性	
			r	$r/\%$	R	$R/\%$
CRP2	12	277	35	12.6	117	42.1
CRP3	12	599	77	12.8	198	33.0
雪茄烟丝#1	12	489	39	8.1	128	26.3
雪茄烟丝#2	12	435	27	6.1	133	30.6
Mint MST	13	259	35	13.3	119	45.8

注：r 为重复性标准差，$r/\%$ 为重复性相对标准偏差；R 为再现性标准差，$R/\%$ 为再现性相对标准偏差。

表 6-18   新烟碱的重复性、再现性

样品	实验室数目	平均值/（μg/g）	重复性		再现性	
			r	$r/\%$	R	$R/\%$
1R5F	15	105	9.3	8.8	22.0	20.9
1R6F	13	110	17.8	16.1	31.9	29.0
CM8	15	251	22.3	8.9	62.8	25.1
CRP1	14	43	8.6	20.0	17.1	39.5
CRP2	13	60	5.6	9.3	15.7	26.2
CRP3	13	102	12.9	12.6	22.2	21.8
雪茄烟丝#1	13	53	5.7	10.8	13.1	24.9
雪茄烟丝#2	13	44	5.0	11.4	12.3	28.0
Mint MST	14	51	6.0	11.7	14.8	29.0

注：r 为重复性标准差，$r/\%$ 为重复性相对标准偏差；R 为再现性标准差，$R/\%$ 为再现性相对标准偏差。

第6节 本书编写人员对精密度评价方法的观点

本章围绕重复性、再现性和中间精密度的定义及区别展开了论述，对代表性方法验证指南中对精密度试验的要求进行了总结，重点针对精密度统计方法进行了介绍、讨论，并结合两个共同实验案例分析对多家实验室重复性、再现性异常数据的剔除及重复性、再现性的计算进行了讨论，以期帮助读者理清思路，并指导实际工作的开展。

第7章
检出限、定量限和报告限相关规定及评价方法

在测量低水平的分析物含量（如痕量和超痕量分析中），或需要利用检出限或定量限进行风险评估或法规决策时，实验室在分析方法的开发及验证过程中应重点关注检出限和定量限，国内外相关分析方法验证基本均涉及了检出限和定量限，仅个别国内外相关分析方法验证对报告限有所涉及。本章围绕方法检出限、定量限和报告限，对国内外相关分析方法验证、确认技术指南进行梳理，并结合个别案例予以具体分析。

第1节　方法检出限、定量限和报告限的简介及定义

检出限和定量限最初为德国人 H·Kaiser 在 1947 年提出，作为评价分析方法灵敏度的重要指标。经过若干年的研究考证，ISO、IUPAC、AOAC、ICH、NATA 等均将其加入方法指南中。ISO/IEC 指南 99：2007，定义 4.18 指出：检出限（limit of detection，LOD）由给定测量程序测得的量值，其对物质中不存在某种成分的误判概率为 β，对物质中存在某种成分的误判概率为 α。IUPAC 推荐 α 和 β 的默认值为 0.05。对于多数现代的分析方法来说，LOD 可分为两个部分：仪器检出限（instrumental detection limit，IDL）和方法检出限（method detection limit，MDL）。IDL 为用仪器可靠地将目标分析物信号从背景（噪声）中识别出来时分析物的最低浓度或量。随着仪器灵敏度的增加，仪器噪声也会降低，相应 IDL 也降低。MDL 为用特定方法可靠地将分析物测定信号从特定基质背景中识别或区分出来时分析物的最低浓度或量，即 MDL 就是用该方法测定出大于相关不确定度的最低值。确定 MDL 时，应考虑到所有基质的干扰。LOD 不宜与仪器最低响应值混淆。信噪比可用来考察仪器性能但不适用于评估 LOD。

定量限（limit of quantification，LOQ）是指样品中被测组分能被定量测定的最低浓度或最低量，此时的分析结果应能确保一定的正确度和精密度（ISO/IEC 指南 99：2007，定义 4.18）。类似于 LOD，LOQ 也可以分成两个部

分,仪器定量限(instrumental quantification limit,IQL)和方法定量限(method quantification limit,MQL)。IQL可定义为仪器能够对分析物进行可靠确认和定量的最低浓度;MQL可定义为在特定基质中在某一可信度(a certain degree)内,用某一方法可靠地检出并定量分析物的最低量,对分析物能进行可靠确认和定量的最低浓度。

通常情况下,只有当目标分析物的含量在接近于"零"的时候才需要确定方法的LOD或LOQ。当分析物浓度远大于LOQ时,没有必要评估方法的LOD和LOQ。但是对于那些浓度接近于LOD与LOQ的痕量和超痕量检测,并且报告为"未检出"时,或需要利用检出限或定量限进行风险评估或法规决策时,实验室应确定LOD和LOQ。不同的基质可能需要分别评估LOD和LOQ。对于实验室内方法确认,LOD和LOQ均需要确认;对于实验室间方法确认,定性方法中应至少确认方法的LOD,定量方法中应至少确认方法的LOQ(GB/T 27417—2017《合格评定 化学分析方法确认和验证指南》)。

目前,报告限未明确定义,一般认为其为实际检测中的最低准确定量值,大于或等于LOQ。对于有毒物质或痕量杂质,通常会设定一个特定的报告限,用于评估其安全等级。

第2节 相关指南对方法检出限、定量限和报告限的描述与规定

下文将分别围绕IUPAC、AOAC、ICH、欧盟、中国国家标准等相关分析方法验证、确认指南中对检出限、定量限和报告限的要求展开叙述。

一、IUPAC《单一实验室分析方法确认一致性指南》对检出限、定量限和报告限的描述与规定

《单一实验室分析方法确认一致性指南》附录A中A.8涉及了对检出限、定量限和报告限的描述,具体如下。

从广义上讲,检出限(检测的极限)是在测试样品中能够可靠地区别于零的分析物最小量或浓度。对于分析系统来说,如果确认范围不包含或不接近检出限,那么检出限就不是必须确认的部分。与检出限有关的统计推论取决于正态分布的假设,但此假设在低浓度时,是否呈正态分布是不确定的;检出限评估易受随机变化的影响,由于操作方面的因素,检出限往往偏低。

建议对于方法确认,精密度评估应基于典型基质空白或低水平材料中被分析物浓度至少6次单独完整的测定,不去除零或负值结果,近似的检出限

计算为 3S。注意，这是最低的建议自由度的数目，在这个自由度下，不确定度大且误差可达到 2 倍。

该文件附录 A.9 中涉及了测定限或定量限的描述，具体如下：有时用测定限表述一个浓度是有用的，低于这个浓度时，分析方法就不能在可以接受的精密度内运行。有时定义精密度为 10% RSD，有时认为测定限是检出限的固定倍数（通常是 2）。因此，这里不推荐在确证中使用这类限值。最好使用测量不确定度为浓度的函数，并用实验室与客户或数据最终用户之间同意的适用性标准比较。

二、AOAC 相关指南关于检出限、定量限和报告限的描述与规定

(一)《AOAC 分析方法性能验证的协同研究程序指南》关于检出限、定量限和报告限的描述与规定

检出限和定量限很重要，有必要设计实验进行测定，但要特别注意空白的数量和解释假阳性和假阴性的必要性。在所有的情况下，在研究中使用的检出限和定量限的定义必须由项目负责人给出。

(二)《AOAC 关于膳食补充物与植物性药物的化学方法的单一实验室验证指南》关于检出限、定量限和报告限的描述与规定

针对保健品以及植物药材分析方法单一实验室方法验证，AOAC 发布了相关方法指南，该指南中对方法定量限进行了描述。该指南指出，定量限是能够可靠估计的分析物的最小量或浓度。分析物的量越少，估计值的可靠性越低，随着浓度的降低，标准偏差不断增加，直到结果的分布中有相当大的部分与零重合，即出现假阴性结果。因此，需规定一限值表明能够在多大程度上容忍假阴性结果，Thompson 和 Lowthian 将 $RSD_R = 33\%$ 的点作为有用数据的上限，依据的是 $3RSD_R$ 应包含正态分布中 100% 的数据。这相当于浓度为 8×10^{-9}（质量分数）或 8ng/g（ppb），低于这一水平时将出现假阴性且数据将"不可控"。根据公式，该值也等同于 $RSD_R \approx 20\%$。低于极限浓度水平操作的代价则是出现假阴性值。此时结果通常被当作阴性处理并不再重复测定。

检出限和定量限的另一种定义是基于空白的变异性而给出的。将空白值加上空白值标准偏差的 3 倍作为检出限，而将空白值加上空白值标准偏差的 10 倍作为定量限。这一做法的问题在于空白往往难以测定或变异性很大。此外，用这一方式决定的值与被分析物没有关系。如果在一段时间内不断测定

空白值，那么这些值的平均值应足够有代表性，用于得出检出限和定量限，并给出与依据相对标准偏差公式计算结果大小相同的限值。

检出限只在控制低水平污染物和规定为"不超过"给定低水平的不良杂质时有用。有用成分必须浓度足够高才能产生功效。规定水平必须在工作范围内足够高使得合格的物质给出不超过 5% 这一默认统计验收水平的假阳性值。通常仪器性能决定了限值。可以通过测定纯标准物质衡量仪器性能。对组合物而言，检出限和定量限通常是不必要的，但对于是否超标这一统计学问题而言是相同的，因为限值是确定的。

作为对试剂、玻璃仪器的清洁和仪器操作的控制，必须连续监测空白值。基质空白的必要性由基质特点决定，如空白值突然改变，需要予以调查和改正。Taylor 为痕量检测中的修正提出了两条经验规则：①空白值不得超过"测量误差限度"的 10%；②不能超过浓度水平。

三、ICH 相关文件中对检出限和定量限的描述与规定

《ICH 协调三方指导原则 分析方法验证：正文和方法学（Q2 R1）》第二部分方法学的第 6 条和第 7 条，分别对检出限和定量限做出了详细的描述和具体的实施方法，具体如下。

(一) 检出限

一个分析方法的检出限是样品中分析物能被检测到但是没必要作为精确值定量的最小量，有多种方法可以确定方法检出限，分为采用和不采用仪器进行分析两种情况。除了下面所列举的方法外，其他方法也可能可行。

1. 采用直观评价法评估

直观评价可用于非仪器分析方法，也可用于仪器分析方法。

检出限的测定是通过对已知浓度分析物的样品进行分析，且以能准确检测被分析物的最低量来建立的。

2. 采用信噪比法评估

该方法仅适用于出现基线噪声的分析方法。

信噪比的测定是通过已知低浓度被分析物样品的测试信号与空白样品的测试信号对比，确定能准确检测被分析物的最低浓度。信噪比在 3：1 或 2：1 时，能较准确地测定检出限。

3. 根据响应值的标准偏差和斜率进行评估

检出限（LOD）可按式（7-1）计算：

$$LOD = \frac{3.3\sigma}{S} \qquad (7-1)$$

式中　σ——响应值的标准偏差；

　　　S——校准曲线的斜率。

斜率 S 可从被分析物的校准曲线估算。

σ 值可用多种方法估算，如：

①根据空白的标准偏差。可分析几份空白样品背景响应值，然后计算出这些响应值的标准偏差。

②根据校准曲线。通过测定 LOD 范围内含被分析物的样品获得其校准曲线，回归线的剩余标准偏差或回归线的 Y 轴截距的标准偏差都可作为标准偏差。

需注意：如果检出限是根据直观评价法或信噪比法得来的，应该提供相关的色谱图。如果是通过计算或推断得到的检出限的估算值，可对一系列接近或等于检出限的样品进行独立分析来验证这一估算值。

（二）定量限

一个分析方法的定量限是样品中分析物能够定量测定，具有合适的精密度和准确度的最低量。定量限是样品基质中最低含量化合物定量分析的一个参数，特别用于测定杂质和/或降解产物。对于已知有异常功效的、有毒的或者难以估计药理作用的杂质，其检出限和定量限应与杂质的控制水平相当。

定量限的检测方法有许多种，分为采用和不采用仪器进行分析两种情况。除了下面所列举的方法外，其他方法也可能可行。

1. 直观评价法

直观评价法可用于非仪器分析方法，也可用于仪器分析方法。

定量限通常是通过测定含已知浓度分析物的样品确定的。在准确度和精密度都符合要求的情况下，定量限确定为分析物能被定量测得的最小浓度。

2. 信噪比法

该方法仅适用于出现基线噪声的分析方法。

信噪比的测定是通过已知低浓度被分析物的样品的测试信号与空白样品的测试信号对比，确定能定量检测被分析物的最低浓度。典型的信噪比为 10∶1。

3. 根据响应值的标准偏差和斜率

定量限（LOQ）可按式（7-2）计算：

$$LOQ = \frac{10\sigma}{S} \qquad\qquad (7\text{-}2)$$

式中　σ——响应值的标准偏差；

　　　S——校准曲线的斜率。

斜率 S 可从被分析物的校准曲线估算。

σ 值可用多种方法估算，如：

①根据空白的标准偏差。可分析几份空白样品背景响应值，然后计算出这些响应值的标准偏差。

②根据校准曲线。通过测定 LOQ 范围内含被分析物的样品获得其校准曲线，回归线的剩余标准偏差或回归线的 Y 轴截距的标准偏差都可作为标准偏差。

4. 申报数据

应同时提交定量限和定量限的测定方法。可通过分析一系列接近或等于定量限的样品来验证这一限量。

四、欧盟相关法规/指南对检出限和定量限的描述与规定

《EC 分析方法的适用性——关于方法验证和相关专题的实验室指南》中对检出限和定量限做出了详细的说明，具体如下。

在测量低水平的分析物含量或属性值时（如在痕量分析中），了解方法能够可信检测的最低分析物浓度或属性值是非常重要的。测定这一限值的重要性以及相关问题源自检测的概率并非在越过某一阈值时从零突然变为单元值这一事实。通常情况下，指出检测将在何种水平出现问题即足以满足验证需求，使用"空白+3S"可达到这一目的。当方法用于支持监管或合规时，采用像 IUPAC 和其他机构所描述的更精确的方式更为合适。

表 7-1 给出了检出限的参考步骤和计算方法，应注意到样品空白的均值和标准偏差都可能受到样品空白的基质影响。因此，检出限随着基质的不同而不同。与此类似，当该标准用于重大决策时，相关精确度需要按实际操作参数不断重复测定。

表 7-1　　　　　　　　　　　　**检出限参考步骤和计算方法**

分析	通过数据计算
①10 个独立空白样品，每个测量一次	①空白样品值 ②加标空白样品值的样品标准偏差 S

续表

分析	通过数据计算
②以最低允许浓度加标的 10 个独立空白样品，每个测量一次	以对应于①空白样品均值+3S 或②0+3S 的分析物浓度表述 LOD
这一方式假设超过样品空白值 3S 以上的信号只在 1%的情况下来源于空白，因此也即更可能来源于其他物质，如被测物。方式①仅在样品空白的标准偏差不为零时有用。可能很难获得真正的样品空白	
③以最低允许浓度加标的 10 个独立空白样品，每个测量一次	加标空白样品值的样品标准偏差 S
	以对应于空白样品值+4.65S（来自假设检验）的分析物浓度表述 LOD
"最低可接受浓度"是指能够达到可接受的不确定度水平的最低浓度。 在此假设分别评估样品和空白并通过从样品信号对应的浓度中减去空白信号对应的浓度以校正空白的常规做法。 如果在重复性条件下测量，这也给出了重复性精度指标（ISO 3534-1：2006）	

对于定性测量，有可能特异性在浓度低于某阈值后不再可靠（表 7-2）。使用不同的试剂、强化、掺样材料等重复实验时该阈值可能会有所不同。在表 7-3 的例子中，当分析物含量降至 100μg/g 以下时，阳性鉴定不再是 100%可靠。

表 7-2　　　　　　　　　检出限定性测量快速参考

分析	通过数据计算
以一系列浓度水平的分析物掺样的样品空白。在每一浓度水平上，应测量大约 10 个独立的重复样。应随机测量不同水平的重复样	应构造正值（或负值）结果百分比对应于浓度的响应曲线，并通过监测确定使测试变得不再可靠的浓度阈值

表 7-3　　　　　定性分析-浓度截止值（即阈值）的确定过程

浓度/（μg/g）	重复样数量	阳性/阴性结果
200	10	10/0
100	10	10/0
75	10	5/5
50	10	1/9
25	10	0/10

LOQ 是在可接受水平的重复性精密度和正确度上能够严格确定的最低分析物浓度。LOQ 也在各种惯例中定义为样品空白值对应的分析物浓度加上 5、6 或 10 个空白均值标准偏差。LOQ 有时也被称为"测量极限"。LOQ 是一个参考值，通常不应用在决策过程中。

注意 LOD 与 LOQ 都并不代表在该水平不能进行定量，而仅是表明在限值水平上实际结果与其不确定度处于可比量级。LOQ 的参考步骤和计算方法见表 7-4。

表 7-4　　　　　　　　　　　　　　LOQ 参考步骤和计算方法

分析	通过数据计算
①10 个独立空白样品，每个测量一次	空白样品值的样品标准偏差 S 以对应于空白样品值+5S 或 6S 或 10S 的分析物浓度表述 LOQ
可能很难获得真正的空白样品	
②以接近 LOQ 的不同的分析物浓度加标空白样品的等分，在每个浓度水平测量 10 个独立重复样品，每个样品测量一次	在每一浓度上计算分析物的标准偏差 S。将 S 与浓度作图，并通过检视指定 LOQ LOQ 表述为能在可接受的不确定度水平上测定的最低分析物浓度
通常情况下 LOQ 是确定工作范围的研究中的一部分。LOQ 不应通过外推至低于最低浓度强化空白得出。 如果在重复性条件下进行测量，这也给出了重复性精度的指标（ISO 3534-1：2006）	

五、《NATA 技术文件 17　化学测试方法的验证指南》对检出限和定量限的描述与规定

NATA 对检出限、定量限和报告限做出了简要的阐述。方法的检出限（LOD）是能够可靠地区别于零的分析物最低量或浓度，换言之，检出限是方法能测定的高于其不确定度的最低值。

NATA 要求痕量有机分析物必须由适当的确证技术鉴定。因此，对于痕量有机物分析而言，LOD 是可以区别于零且能够根据预定的标准和/或置信度鉴定的最低量或浓度。

方法的 LOQ 通常定义为具有允许程度的不确定度情况下能够测定的分析物最低浓度。有多种惯例测算 LOQ，最常见的可能是将 LOQ 定为 LOD 的 3 倍。

对用于检测分析物浓度远远大于 LOQ 的方法，没有必要估计其 LOD 或 LOQ。然而，对于痕量和超痕量分析方法，由于所关注浓度往往接近 LOD 或 LOQ，而且报告结果即便是"未检出"也对风险评估或监管决策有重大影响，因此，LOD 和 LOQ 的估算是非常重要的。

方法的 LOD 与仪器的最低响应不能混为一谈。标准样品在仪器上产生的信噪比可以作为仪器性能的指标，但不能用于估算方法的 LOD。

应该以完整过程的所有步骤对样品进行分析来估算方法的 LOD。可以通过 3 个浓度水平上独立的 7 个重复样品来测定 LOD，其中最低浓度应当接近零。然后将标准偏差与浓度的曲线外推以估计在零浓度上的标准偏差（S_0）。方法的 LOD 为 $b+3S_0$，其中 b 是样品空白的均值。根据这一计算，样品中处于 LOD 浓度的分析物在 95% 的情况下将被方法检测到，而方法对低于 LOD 的浓度给出假阳性结果的可能性小于 5%。

或者也可以在约为 LOQ 两倍的单一浓度上进行 7 次重复分析（分析者应审慎选择合适的浓度）。在此情况下，可以假定该重复分析结果的标准偏差近似为 S，再按照上述方式计算 LOD 即可。

报告限为实际检测中的定量限，大于或等于 LOQ。

六、中国国家标准对检出限和定量限的描述与规定

GB/T 27417—2017《合格评定　化学分析方法确认和验证指南》主要采用了上述欧盟对 LOD 和 LOQ 的描述和规定，同时整合了 ICH Q2 R1 的步骤和方法，具体如下。

1. 直观评价法

直观评价法，又称目视评价法，可用于非仪器分析方法，也可用于仪器分析方法，是通过在样品空白中添加已知浓度的分析物，然后确定能够可靠检测出分析物最低浓度的方法。在样品空白中加入一系列不同浓度的分析物，随机对每一个浓度点进行不同次（n）的独立测试，通过绘制阳性（或阴性）结果百分比与浓度相对应的反应曲线确定阈值浓度。该方法也可用于定性方法中 LOD 的确定。

2. 空白标准偏差法

空白标准偏差法通过分析大量的样品空白或加入最低可接受浓度的样品空白来确定 LOD。独立测试的次数应不少于 10 次（$n \geqslant 10$），计算出检测结果的标准偏差（S），计算方法见表 7-5。

表7-5   定量检测中 LOD 的计算方法

试验方法	LOD 的计算方法
①样品空白独立测试 10 次*	样品空白平均值 + 3S（只适用于标准偏差非零时）
②加入最低可接受浓度的样品空白独立测试 10 次*	0 + 3S
③加入最低可接受浓度的样品空白独立测试 10 次	样品空白值 + 4.65S（此模型来自假设检验）

注：* 仅当空白中干扰物质的信号值高于样品空白值的 3S 的概率远小于 1% 时适用；

①最低可接受浓度为在所得不确定度可接受的情况下所加入的最低浓度；

②假设实际检测中样品和空白应分别测定，且通过样品浓度扣减空白信号对应的浓度进行空白校正。

样品空白值的平均值和标准偏差均受样品基质影响，因此，最低检出限也因受样品基质种类的影响而不同。在利用此条件进行符合性判定时，需要定期用实际检测数据更新精密度数值。

3. 校准方程的适用范围

如果在 LOD 或接近 LOD 的样品数据无法获得时，可利用校准方程的参数评估仪器的 LOD。如果用空白平均值加上空白的 3 倍标准偏差，仪器对于空白的响应即为校准方程的截距 a，仪器响应的标准偏差即为校准的标准误差（$S_{y/x}$）。故可利用方程 $y_{LOD} = a + 3S_{y/x} = a + bx_{LOD}$，则 $x_{LOD} = 3S_{y/x}/b$。此方程可广泛应用于分析化学。然而由于此方法为外推法，所以当浓度接近于预期的 LOD 时，结果就不如由实验得到的结果可靠，因此建议分析浓度接近于 LOD 的样品，应确证在适当的概率下被分析物能够被检测出来。

4. 信噪比法

对于定量方法来说，由于仪器分析过程都会有背景噪声，常用的方法就是利用已知低浓度的分析物样品与空白样品的测量信号进行比较，确定能够可靠检出的最小的浓度。典型的可接受的信噪比是 2∶1 或 3∶1。

对于定性方法来说，低于临界浓度时选择性是不可靠的。该临界值会随着试验条件中的试剂、加标量、基质等不同而变化。确定定性方法的 LOD 时，可以通过往空白样品中添加几个不同浓度水平的标液，在每个水平分别随机检测 10 次，记录检出结果（阳性或阴性），绘制样品检出的阳性率（%）或阴性率（%）与添加浓度的曲线，临界浓度即为检测结果不可靠时的拐点。定性分析中临界值的确定可参考表 7-3 进行，当样品中待测物浓度低于 100μg/g 时，阳性检测结果已经不具备 100% 的可靠性。

LOQ 的确定主要是从其可信性考虑，如，测试是否基于法规要求、目标测量不确定度和可接受准则等。通常建议将空白值加上 10 倍的重复性标准差作为 LOQ，也可以 3 倍的 LOD 或高于方法确认中使用最低加标量的 50% 作为 LOQ。如为增加数据的可信性，LOQ 也可用 10 倍的 LOD 来表示。另外在某些特定测试领域，实验室也可根据行业规则使用其他参数。特定的基质和方法，其 LOQ 可能在不同实验室之间或在同一个实验室内由于使用不同设备、技术和试剂而有差异。

第3节　检出限确定方法实例分析

一、例1：直观评价法确定检出限

薄层色谱法检查盐酸巴马汀的检出限测定：取盐酸巴马汀对照品适量，加乙醇制成 0.04mg/mL 的溶液，作为对照品储备液。取 1mL，置于 10mL 量瓶中，加乙醇稀释至刻度，分别点样 1~9μL（相当于 0.004μg，0.012μg，0.020μg，0.028μg，0.036μg；另取对照品储备液点样 1μL，3μL（相当于 0.04μg，0.12μg），使用直观评价法确定检出限，最低检出限为 0.012μg，见图 7-1。

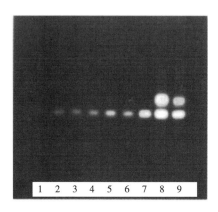

图 7-1　直观评价法检出限测定（1~7 为点样量 0.004~0.12μg；8，9 为检测样品）

二、例2：信噪比法确定检出限

将地诺前列酮（PGE₂）逐级稀释，并计算其信噪比，其中当 PGE₂ 浓度为 0.1ng/mL 时，信噪比介于 2：1 和 3：1，当低于此浓度时，无信号响应，因此取 0.1ng/mL 为检出限（图 7-2）。

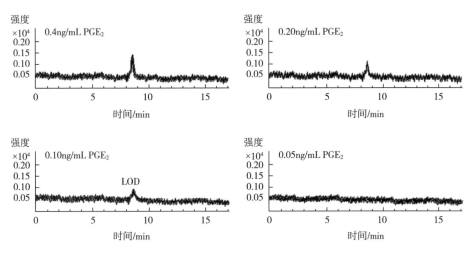

图 7-2　信噪比法检出限测定

第 4 节　本书编写人员对定量限、检出限、报告限测量必要性及方法的观点

在测量低水平的分析物含量（如痕量和超痕量分析中），或需要利用检出限或定量限进行风险评估或法规决策时，实验室应确定检出限和定量限。当分析物浓度远大于定量限时，没有必要评估方法的检出限和定量限。在研究中使用的检出限和定量限的定义必须由项目负责人给出。

检出限是在规定的置信限内能区分于空白值的物质的最低量，定量限是在规定的置信限内能够获得定量结果的物质的最低量，空白值是检出限和定量限测定的关键。通常采用空白值+$3S_{空白}$为检出限，空白值+$10S_{空白}$为定量限。在进行实际样品测试时，需选用典型的基质空白或低水平掺样材料。对于独立重复测定次数，不同机构规定不同，如 IUPAC 规定至少 6 次单独完整测定，欧盟规定至少 10 次以上。检出限评估易受随机变化的影响，由于操作方面的因素，检出限往往偏低。

ICH Q2 R1 和《EC 分析方法的适用性——关于方法验证和相关专题的实验室指南》具体给出了检出限和定量限的实施方法包括直观评价法、信噪比法和响应值的标准偏差/斜率计算法等，可操作性强，被许多科研机构采用。

目前，报告限未明确定义，一般认为其为实际检测中的最低准确定量值，大于或等于LOQ。对于有毒物质或痕量杂质，通常会设定一个特定的报告限，用于评估其安全等级。

第8章
方法耐用性、稳定性相关规定及评价方法

分析方法的耐用性是指分析方法测试结果耐受试验步骤中试验条件较小偏离影响的能力，在分析方法的开发及验证过程中应重点关注，国内外相关分析方法验证基本均涉及了方法耐用性的评价。而稳定性通常是指样品、标准品及其溶液的稳定性，理论上存放时间及存放条件对检测结果具有重要影响，需要关注，但是仅个别的国内外相关分析方法验证对此有所涉及。本章围绕方法耐用性、稳定性这两个方面，对国内外相关分析方法验证、确认技术指南进行梳理。

第1节　方法耐用性规定及评价要求

一、IUPAC《单一实验室分析方法确认一致性指南》对方法耐用性的描述与规定

单一实验室分析方法确认一致性指南附录 A 的 A. 11 对方法耐用性进行了详细的描述。

分析方法的耐用性是指分析方法测试结果耐受试验步骤中试验条件较小偏离影响的能力。对试验参数的限制值应在方法文本中有规定（虽然在过去并不完全这样做），单独或在任何合成试验中允许的偏差在得到的结果中产生的变异是无意义的（注："有意义的变异"是指该方法不能在已定义适用的不确定度和约定的限值范围内的操作）。应识别方法中有可能影响结果的各个方面，使用耐用性试验评价它们对方法性能的影响。

方法耐用性试验是有意引入对程序有微小影响的因素并检查其对结果的影响。耐用性试验可能需要考虑方法的许多方面，但是因为这些方面的大多数情况可能会被忽略，通常发生的可能是一个变异的几个方面。Youden[74]叙述了基于部分影响因子设计的经济型试验。例如，有可能设计一个方法，利用 7 个可变因素的 8 种组合，查看 7 个参数对 8 个分析结果的影响。单变量的方法也可行，即每次只有一个因素发生变异。

可以进行耐用性试验的影响因素包括仪器、操作者试剂品牌的变化；试剂的浓度；溶液 pH；反应温度；完成一个过程允许的时间等。

二、AOAC 相关指南对方法耐用性的描述与规定

(一)《如何满足 ISO 17025 方法验证的要求（AOAC）》对方法耐用性的描述与规定

在《如何满足 ISO 17025 方法验证的要求（AOAC）》文件中，根据目的将化学检测方法分为 6 个不同的类别（表 1-1），只对其中两类检测方法要求进行耐用性试验，这两类检测方法为低浓度分析物定量检测、高浓度分析物定量检测，而对鉴别试验、两类限度试验（低浓度及高浓度分析物限度试验）、定性试验不做耐用性表征要求。但是该文件没有给出详细的评价方案。

(二)《AOAC 关于膳食补充物与植物性药物的化学方法的单一实验室验证指南》对方法耐用性的描述与规定

该文件指出，通常在最初运用或验证方法时会遇到缺陷、受到意外干扰、缺乏试剂或设备、被迫改动仪器以及出现各种意料之外的问题使得方法需要重新回到开发阶段。在某一实验室中运行良好的方法无法在另一实验室重复的情况时有发生。通常开发与验证之间并没有明确的界限，而是这两个阶段交替反复地进行。因此，本文件中也包括了能够揭示方法性能（如耐用性）的方法开发相关内容。在某些情况下，由于未知因素或信息缺失，无法设定具体要求。此时最好接受通过开发和验证获得的任何信息并期待将来的改进，从而逐渐追赶上相同或相似类别的其他分析物的分析方法的性能特征。

该文件对方法耐用性进行了如下描述和规定：方法变异的主要影响因素可以通过传统的单次单变量方式研究。次要因素的影响可以通过更简单的 Youden 耐用性试验进行研究。该设计可以在单个试验中仅通过 8 项测试即评估 7 个影响因素，并通过"受控"因素的变异性估算预期的标准偏差、在本文件附录 B 中详细记录了测定植物中活性成分提取步骤的一个例子。

选择 7 个可能影响萃取结果的因素并为其指定合理的高水平值和低水平值，如表 8-1 所示。

表 8-1　　　　　　　　影响萃取结果的因素及其高水平值、低水平值

因素	高水平值	低水平值
试样质量	A = 1.00g	a = 0.50g
萃取温度	B = 30℃	b = 20℃
溶剂体积	C = 100mL	c = 50mL
溶剂	D = 酒精	d = 乙酸乙酯
萃取时间	E = 60min	e = 30min
搅拌	F = 磁力	f = 旋晃 10min 间隔
照射	G = 光照	g = 黑暗

根据表 8-2 所示高水平值和低水平值的具体组合进行 8 组试验（即反映一组特定因素水平的单次分析），并记录每个组合的试验结果（务必准确地根据指定的因素组合进行试验，否则会得出错误的结果）。

表 8-2　　　　　　　　高水平值、低水平值的具体组合

运行	因素组合	所得测量
1	A B C D E F G	$x1$
2	A B c D e f g	$x2$
3	A b C d E f g	$x3$
4	A b c d e F G	$x4$
5	a B C d e F G	$x5$
6	a B c d E F G	$x6$
7	a b C D e f G	$x7$
8	a b c D E F g	$x8$

为了得出每个因素的影响，为每一因素计算第 2 列中大写字母结果和小写字母结果之间的差异（表 8-3）。

表 8-3　　　　　　　　每个因素值的影响的计算 (1)

具体因素影响	计算公式			结果
	水平 1 试验结果总和	减号	水平 2 试验结果总和	
A 和 a 的影响	[($x1$+$x2$+$x3$+$x4$) /4]	−	[($x5$+$x6$+$x7$+$x8$) /4]	=J
	4A/4	−	4a/4	=J

注意，每个选定因素在每一水平上的影响都是 4 个值的平均值，并且其他 7 个因素在其中恰好互相抵消（Youden 耐用性试验或部分因子试验正是为此而设计）。与之类似，见表 8-4。

表 8-4 每个因素值的影响的计算 (2)

具体因素影响	计算公式			结果
	水平 1 试验结果总和	减号	水平 2 试验结果总和	
B 和 b 的影响	$[(x1+x2+x5+x6)/4]$	–	$[(x3+x4+x7+x8)/4]$	=K
	4B/4	–	4b/4	=K
C 和 c 的影响	$[(x1+x3+x5+x7)/4]$	–	$[(x2+x4+x6+x8)/4]$	=L
	4C/4	–	4c/4	=L
D 和 d 的影响	$[(x1+x2+x7+x8)/4]$	–	$[(x3+x4+x5+x6)/4]$	=M
	4D/4	–	4d/4	=M
E 和 e 的影响	$[(x1+x3+x6+x8)/4]$	–	$[(x2+x4+x5+x7)/4]$	=N
	4E/4	–	4e/4	=N
F 和 f 的影响	$[(x1+x4+x5+x8)/4]$	–	$[(x2+x3+x6+x7)/4]$	=O
	4F/4	–	4f/4	=O
G 和 g 的影响	$[(x1+x4+x6+x7)/4]$	–	$[(x2+x3+x5+x8)/4]$	=P
	4G/4	–	4g/4	=P

使用指定的因素水平组合仔细进行 8 次测定并将结果列表（表 8-5）。然后剥离 7 个因素并得出各单一因素的影响值。为了确保正确结果，必须按照指定方式进行组合。

表 8-5 测定结果

试验	结果/%	因素
$x1$	1.03	J（A）= 4A/4-4a/4 = 4.86-5.14 = -0.28
$x2$	1.32	K（B）= 4B/4-4b/4 = 4.79-5.21 = -0.42
$x3$	1.29	L（C）= 4C/4-4c/4 = 4.86-5.14 = -0.28
$x4$	1.22	M（D）= 4D/4-4d/4 = 5.05-4.95 = 0.10
$x5$	1.27	N（E）= 4E/4-4e/4 = 4.92-5.08 = -0.16
$x6$	1.17	O（F）= 4F/4-4f/4 = 4.95-5.05 = -0.10
$x7$	1.27	P（G）= 4G/4-4g/4 = 4.69-5.31 = -0.62
$x8$	1.43	

将这些数值标注在一条直线上，如图 8-1 所示。本示例中，这些数值大致均匀分布在直线上，但是需引起一些注意。最高正值对应的因素 D 代表不同溶剂，应深入研究这一因素以确定高值是否来自杂质或额外的活性成分。因素 G 的极值表明萃取应该在黑暗下进行。正如 Youden 所讨论的，通过在不同实验室测试多个不同的样品和多个独立的重复样品可以获得更多信息以估计预期的实验室间标准偏差。即便耐用性试验很大程度上属于方法开发的项目，也可以通过这一程序对方法在不同基质中测定相关分析物的应用加以验证研究。

```
-0.62        -0.42       -0.28        -0.16  -0.10        +0.10
 ←─────────────────────────────────────────────────────────
  G            B          A（C）          E     F           D
```

图 8-1　测定结果

三、ICH 相关指导文件中对方法耐用性的描述与规定

（一）《ICH 协调三方指导原则　分析方法验证：正文和方法学（Q2 R1）》对方法耐用性的描述与规定

该文件指出，耐用性的评价应该在研究阶段就考虑到，并且取决于研究条件下的分析方法的类型。对于方法参数的有意变动，分析方法应该显示出可靠性。

如果测定易受到分析条件的变动影响，应该适当地控制分析条件或在方法中给出预防性声明。耐用性评价的一个结果是建立一系列系统适用性参数来确保分析方法不管在什么时候用都是有效的。

1. 典型变异的例子

①分析溶液的稳定性；

②提取时间。

2. 液相色谱法典型变异的例子

①流动相 pH 改变；

②流动相比例改变；

③不同色谱柱（不同批号或不同生产厂家）；

④柱温；

⑤流速。

3. 气相色谱法典型的变异例子

①不同色谱柱（不同批号/或不同生产厂家）；

②柱温；

③流速。

(二)《ICH 协调指导原则　分析方法开发（Q14）》对方法耐用性的描述与规定

1. 分析方法耐用性

分析方法的耐用性是衡量其在正常使用过程中符合预期性能要求能力的指标。通过有意改变分析方法参数来对耐用性进行检测。既往知识和风险评估可为耐用性研究期间研究参数的选择提供参考。在预期使用期内可能对方法性能产生影响的参数，应予以研究。对于大多数分析方法，都应在开发期间进行耐用性评价。如果开发期间已经进行了耐用性评价，则根据 ICH Q2 R2，在验证期间无需重复进行评价。验证研究数据（例如，中间精密度）可用于对耐用性评价进行补充。对于某些方法参数存在固有高度变异性的分析方法（例如，需要生物试剂的分析方法），耐用性研究期间可能需要对更宽的范围进行考察。多变量方法的耐用性评价可能需要对更多因素进行考虑。耐用性评价结果应反映在分析方法控制策略中。

2. 分析方法参数范围

研究参数范围的实验可提供关于分析方法性能的额外知识。从分析目标概况（ATP）中，可推导出相应的分析方法属性和相关标准。单个参数的单变量检查可为分析方法确立经证实可接受范围（PAR）。

在增强方式中，可在多变量实验（DoE）中对相关参数范围及其相互作用进行研究。应使用风险评估和既往知识确定需实验研究的参数、属性和适当的相关范围。分类变量（例如，不同仪器）也可视为实验设计的一部分。

开发研究（包括 DoE）的结果可为分析方法变量（输入）和分析方法响应（输出）之间的关系带来更深的理解。基于这些结果，可为一些参数定义固定的设定值。对于其他参数，可为其定义 PAR，而剩余的参数则可纳入方法可操作设计区域（MODR）中。MODR 由两个或多个变量的组合范围组成，在该范围内分析方法适用于预期用途。

申请人可根据开发数据拟定参数范围（例如，PAR 或 MODR），并需获得监管机构的批准。在既定参数范围内的变动无需提交监管通知。

出于实际原因并遵循基于风险的方式，可能没有必要或无法对整个 MO-DR 进行验证。验证数据必须涵盖分析方法中预期会常规使用的 PAR 或 MO-

DR 部分。在附录 B 中描述了 MODR 的验证方式，包括展示性能特性以及分析方法属性可接受标准、参数范围、分析方法控制策略和验证策略的示例表。仅分析方法开发数据中未涵盖的性能特性需要进行分析方法验证。分析方法验证策略（如，作为分析方法验证方案的 ICH Q14）可以定义额外验证的必要范围。

3. 附录实例中对耐用性的评价

附录提供了几个分析方法开发及验证过程实例。以小分子原料药（DS）中作为特定工艺杂质的立体异构体测定方法开发为例，在研究构建毛细管区带电泳法过程中，开展了耐用性试验，结果发现缓冲液 pH（±0.5）、磷酸铵浓度和环糊精浓度（±10%）的变化对分析方法性能无影响；毛细管温度、缓冲液浓度和检测波长（±10%）的典型变化对分析方法性能无影响。

四、欧盟相关法规/指南对方法耐用性的描述与规定

（一）EC 2002/657—执行 EC 96/23 对方法耐用性的描述与规定

在 EC 2002/657—执行 EC 96/23 中，其附录 A.1（定义）对方法耐用性的定义为：耐用性是指分析方法对试验条件变化的敏感性。这些条件为方法规定，或者稍加改动，包括样品原料、分析物、保存条件、环境和/或样品制备条件等。所有在实践中可能波动的试验条件（例如，试剂稳定性、样品组成、pH、温度）可能影响分析结果的任何变化都应当指明。

在 EC 2002/657—执行 EC 96/23 附录 A.3（验证）对耐用性的描述如下。

可用性/耐用性（小变化）：这项检验是由实验室引入预先设计好的微小的合理变化因素，然后观察其影响。

需选择样品预处理、净化、分析过程等可能影响测定结果的因素进行预试验。这些因素可包括分析者、试剂来源和保存时间、溶剂、标准和样品提取物、加热速率、温度、pH，以及许多其他实验室可能出现的因素。不同实验室间这些因素可能有一个数量级的变化，因此，应对这些因素做适当修改以符合实验室的具体情况。

（1）确定可能影响结果的因素。

（2）对各个因素稍作改动。

（3）用 Youden 方法（不同条件下试验设计法）进行耐用性试验，也可以使用其他的批准方法。但是，Youden 法所需的时间和工作量最少。Youden 法是一种分级阶乘设计。它不能检测不同因子之间的相互作用。

（4）一旦发现对测定结果有显著影响的因素，应进行进一步试验，以确定这个因子的允许极限。

（5）对结果有显著影响的因子应在方法方案中明确地注明。

Youden 法基本思路为：不是一次改变一种因素，而是一次做几种改变。例如，A、B、C、D、E、F、G 象征 7 种影响结果的不同因子，如果使其数值发生细微变化，变化后的数值用小写字母表示 a、b、c、d、e、f、g。结果可能会有 2^7 即 128 种不同的组合。

可以选择兼顾大、小写字母的 8 种组合作为一个子集（表 8-6），测定结果采用 S~Z 表示。

表 8-6　　　　　　　　　　　耐用性试验设计（小变化）

因子	测定组合的编号							
	1	2	3	4	5	6	7	8
A/a	A	A	A	A	a	a	a	a
B/b	B	B	b	b	B	B	b	b
C/c	C	c	C	c	C	c	C	c
D/d	D	D	d	d	d	d	D	D
E/e	E	e	E	e	e	E	e	E
F/f	F	f	f	F	F	f	f	f
G/g	G	g	g	G	g	G	G	g
测定结果 R	S	T	U	V	W	X	Y	Z

（二）EU SANCO 2011/12495 对方法耐用性的描述与规定

方法的耐用性研究通过在实验室内审慎地引入微小的合理变化并分析这些变量对检测结果的影响。耐用性研究应当如 EC 2002/657 中所述那样，通过试验计划进行。

基质或动物种类可以作为耐用性研究中影响结果的因素。在这种情况下，方法的适用性和耐用性研究结合在了一起。

为探讨筛查方法的耐用性，建议关注有代表性的分析物（如果分析方法的检测范围较宽）。

为评估方法的耐用性，至少应分析 10 个不同空白样品和 10 个不同的在一定浓度水平上的添加（或处理）样品。如有可能，推荐通过不同的分析时间和不同的操作者使用盲控测试（未知样品）来评估方法中分析物的检测能力和特异性。

　　当某个因素对方法的性能有影响时，应当针对该因素考察方法的性能指标（专属性、检测能力）。而且，该因素对方法性能指标的影响应当在验证报告和最终的标准操作规程（SOP）中做出描述。

五、中国国家标准指导文件中对方法耐用性的描述与规定

　　GB/T 32465—2015 对分析方法的耐用性有所规定，但是整体上比较笼统。

　　实验室应识别检测过程中检测条件，如（但不限于）试剂溶剂、温度、人员、时间等微小改变对检测结果准确度的影响。

　　实验室应尽可能全面找出这些因素，通过耐用性试验，确认对检测结果有重要影响的因素。

　　实验室获得耐用性试验结果后，应针对对检测结果准确度有较大影响的因素，提出有效控制措施，写入 SOP 中，要求检测人员在检测中严格执行。

六、《中国药典》对方法耐用性的描述与规定

　　耐用性系指在测定条件有小的变动时，测定结果不受影响的承受程度，为所建立的方法用于常规检验提供依据。开始研究分析方法时，就应考虑其耐用性。如果测试条件要求苛刻，则应在方法中写明，并注明可以接受变动的范围，可以先采用均匀设计确定主要影响因素，再通过单因素分析等确定变动范围。典型的变动因素有被测溶液的稳定性、样品的提取次数、时间等。液相色谱法中典型的变动因素有流动相的组成和 pH、不同品牌或不同批号的同类型色谱柱、柱温、流速等。气相色谱法变动因素有不同品牌或批号的色谱柱、不同类型的担体、载气流速、柱温、进样口和检测器温度等。

　　经试验，测定条件小的变动应能满足系统适用性试验要求，以确保方法的可靠性。

七、《NATA 技术文件 17　化学测试方法的验证指南》对方法稳健性（耐用性）的描述与规定

　　方法的稳健性（耐用性）是指测试结果在何种程度上能免于测试程序中所描述的试验条件的小幅变化的影响，如温度、pH、试剂浓度、流速、提取次数、流动相组成的小幅变化。通过测量分析方法中刻意的小幅度条件变化对结果的影响来评估稳健性（耐用性）。在某些情况下，内部方法开发的过程中可提供这一信息。由于自身性质所决定，实验室内再现性研究也涉及了方

法稳健性的部分内容。

最简单的稳健性测试每次仅考虑 1 个方法变量。Youden 等[74] 描述的 Plackett-Burman 试验设计则是仅通过 8 次分析即可评估 7 个变量的经济高效的办法，但方法的前提是变量相互独立。

在实际操作过程中，经验丰富的分析技术人员会判断可能影响到结果的方法参数并加以控制，如限定温度、时间或 pH 范围，以避免结果受到影响。

第 2 节　稳定性规定及评价要求

在诸多分析方法验证、确认技术指南中，通常稳定性涉及两个层次的意思，有些指南中指方法的稳定性，等同于稳健性（ruggedness 或 robustness）。而一些文件中则特指溶液、试剂的稳定性，如在《中国药典》里，稳定性则作为方法耐用性的一个影响因素进行考虑；在一些农残类分析方法技术指南中涉及了对稳定性具体描述，指样品、样品萃取溶液、校准溶液的稳定性。本书编写人员认为，样品溶液及校准溶液的稳定性对检测结果的精密度与准确性均具有重要影响，但往往不足以引起分析方法开发者与分析测试工作者的重视，因此在下文，专门对样品溶液等稳定性进行归纳与论述。

一、AOAC 相关指南对稳定性的描述与规定

《AOAC 关于膳食补充物与植物性药物的化学方法的单一实验室验证指南》对分析物的稳定性要求如下：应当在典型或更严苛的条件下储存样品，并在长于样品预计合理保质期的时间段内定期检查其活性成分。此外，调查由于变质而产生的新化合物最便捷的方式是指纹鉴定技术。

二、欧盟相关法规/指南对稳定性的描述与规定

EC 2002/657—执行 EC 96/23 指出，在样品保存或分析过程中分析物或基质成分的稳定性不够可引起分析结果的明显偏差。此外，还应检查校准标准在溶液中的稳定性。通常各种分析物在保存条件下的稳定性都已有很好的表征。监测保存条件应作为常规实验室验证系统的一部分。如果稳定性未知，下面的例子介绍怎样测定稳定性。

1. 溶液中分析物的稳定性

（1）制备新鲜的分析物储备液，并按照测试方法进行稀释，使每个选定浓度（在容许限附近选择浓度，尚未建立容许限时，在物质的最低要求执行限附近选择）有足够的测试等份量（如 40 份）。用于标准添加和最终分析的

分析物溶液和关注的其他溶液（例如，衍生化标准品）等都要制备。

（2）按照测定方法测定新配制溶液中分析物的含量。

（3）按测试计划（表 8-7）将上述溶液分装到适当容器中，贴上标签，并保存。

表 8-7　　　　　　　　　溶液中分析物稳定性测试计划

条件	−20℃	+4℃	+20℃
避光	10 份	10 份	10 份
光照	10 份	10 份	10 份

（4）保存时间可选择为 1 周、2 周、4 周或必要时更长，例如，保存到经定性和/或定量测定开始发现降解现象时为止。应记录最长保存时间和最适宜的保存条件。

（5）每份样品中分析物浓度的计算，应将分析时新配的分析物溶液作为100%，剩余分析物含量按式（8-1）计算：

$$剩余分析物（\%）= c_i \times 100 / c_{新配} \tag{8-1}$$

式中　c_i——时间点的浓度；

$c_{新配}$——新配溶液的浓度。

2. 基质中分析物的稳定性

（1）只要可能，应使用（加药）培育的样品。如果没有培育样，应使用加标的（添加了分析物）基质。

（2）当有培育样时要在原料还新鲜时测定原料中目标分析物的浓度。将原料分成几份，分别放置 1 周、2 周、4 周和 20 周后再进行测定。应至少在−20℃保存组织（如有必要可更低）。

（3）如果没有培育样，取适量空白样混匀，将其分为 5 份。将分析物配成小体积的水溶液，分别添加到空白原料中。立即分析其中的一份，将其他几份保存在−20℃（如有必要可更低）环境下，然后于 1 周、2 周、4 周和 20周后进行分析。

三、CAC 相关法规/指南对稳定性的描述与规定

CAC/GL 56—2005 明确对农残提取样品溶液、样品稳定性控制及存放做出以下规定。

如果样品不能立刻分析，但能在几天内完成分析，样品应该储存在 1～

5℃条件下，并避免阳光直射。但是，接收的深度冷冻样品分析前必须在-16℃以下储存。如果样品需要储存更长的时间才能进行分析，则储存温度应该在-20℃左右，因为在这个温度下，农药的酶降解极低。如果储存的时间较长，应该在相同条件下同时储存添加样品，以校验储存时间对农药残留的影响。

四、经济合作与发展组织《农残分析方法指南》对稳定性的描述与规定

经济合作与发展组织（OECD）于2007年发布的ENV/JM/MONO（2007）17《农残分析方法指南》中对工作溶液和提取溶液的稳定性做出如下规定。

1. 工作（添加回收/校准）溶液的稳定性

（1）如果已证明在控制的储存条件下稳定，则添加回收溶液和校准溶液可以在延长的时间段使用。否则，溶液需要当天配制。

（2）稳定性试验的时间应该能反映典型的使用时间，通常溶液会在几天或者几周内使用。测试条件（如，溶剂体系、室温或冷藏温度、日光/避光）应该能反映平时的储存条件。

（3）检测时，储存溶液的稳定性应该和新制备的添加回收和/或校准溶液进行比较。选择不同浓度以观察可能的降解，如果发现与浓度无关，则无需检测所有的浓度。为获得可靠的数据，至少要对比进样储存溶液和新制备的溶液各三针。

2. 提取溶液中分析物的储存稳定性

（1）理论上评价试验的样品应该在开始提取后24h内进行分析，但是有时样品可能会在室温条件下（如，自动进样器上）或者冷藏条件下（如，分析不能在一个工作日内完成）储存较长的时间。在这种情况下，需提供分析物在最终体积的提取液中的储存稳定性数据。

（2）最初提取稳定性相关信息可以从代谢研究中获得。通常在代谢研究中，会在一段时间内（从几天到几个月）研究提取物的色谱数据。如果分析物在相似的溶剂体系及相似的条件下稳定，则在短期的储存中不可能有降解发生。

最终或中间步骤的稳定性相关信息可以从方法评价中的添加回收试验获得。如果添加样品的回收率在70%~120%，则证明十分稳定。

（3）只有在一些特例中需要进行进一步的研究，例如，当分析物快速降解时。将从储存提取液获得的回收率数据和从新制备的提取液获得的回收率

数据进行对比，只需选择代表性基质即可，如果稳定，则该类其他作物不再需要进行检测。应报告测试用的储存条件，并且应该反映分析过程中的典型储存条件。

提取物在冷冻条件下的长期稳定性要求见 OECD《农残分析样品存储稳定性指南》。

第 3 节　本书编写人员对方法耐用性、稳定性评价方法的观点

本章对国内外分析方法验证指南中对方法耐用性、稳定性的相关要求进行了总结。方法耐用性在分析方法开发、验证过程中均是需要重点关注的。当采用多因素或单因素优化实验确定了影响因素及影响程度，理论上可给出方法建议控制范围，尤其是例如像试剂品牌等因素如果对分析方法检测结果具有重要影响，应对此予以强调。

对于 IUPAC、ICH 等重要通用性分析方法验证指南均未将稳定性单位列为独立验证指标，ISO、AOAC 等相关文件中提到了样品采集、存储、制备等过程中应注意稳定性控制，对于 EC 2002/657—执行 EC 96/23 以及农残专属性方法验证指南如 ENV/JM/MONO（2007）17、CAC/GL 56—2005 则对样品、样品溶液、标准品溶液稳定性控制给出了更为详细的建议。

实际上，样品、标准品、样品溶液、标准品溶液的稳定性实质上也属于方法耐用性考察的范畴。在标准分析方法实操过程中，稳定性控制对检测结果具有重要影响，因此，本书编写人员认为在方法文本中应给出样品、标准品、标准品溶液的存放条件建议及存放期限，而这应是基于实验考察结果后的建议。在分析方法开发过程中，应考察室温、低温下样品溶液的存放稳定性，并据此给出进样控制时间，如仪器发生故障情况下样品溶液的存储方法及存储控制时间，便于分析方法应用过程中对数据质量的控制。

参考文献

［1］Colin F P. Matrix-induced response enhancement in pesticide residue analysis by gas chromatography ［J］. Journal of Chromatography A, 2007, 1158 （1-2）: 241-250.

［2］Paul J T. Matrix effects: the Achilles heel of quantitative high-performance liquid chromatography-electrospray-tandem mass spectrometry, Clinical Biochemistry ［J］. 2005, 38 （4）: 328-334.

［3］Cardone M J. Detection and determination of error in analytical methodology. 2. Correction for corrigible systematic-error in the course of real sample analysis ［J］. Journal of Association of Official Analytical Chemists, 1983, 66 （5）: 1283-1294.

［4］Bianco L, Maruchi M. Salicylic-acid and its omologues as additives in foods- HPLC and GC/MS determination ［J］. Industrie Alimentari, 1990, 29: 449-455.

［5］Erney D R, Gillespie A M, Givydis D M, et al. Explanation of the matrix-induced chromatographic response enhancement of organophosphorus pesticides during open-tubular column gas-chromatography with splitless or hot on-column injection and flame photometric detection ［J］. Journal of Chromatography, 1993, 638: 57-63.

［6］Poole C F. Matrix-induced response enhancement in pesticide residue analysis by gas chromatography ［J］. Journal of Chromatography A, 2007, 1158: 241-250.

［7］Rahman M M, EL-ATY A, Shim J T. Matrix enhancement effect: a blessing or a curse for gas chromatography? - A review ［J］. Analtical Chimica Acta, 2013, 801: 14-21.

［8］Sandra P, Verzele M. Surface treatment, deactivation and coating in （GC）^{2} （glass capillary gas-chromatography） ［J］. Chromatographia, 1997, 10: 419-425.

［9］Chambaz E M, Horning E C. Conversion of steroids to trimethylsilyl derivatives for gas phase analytical studies-reactions of silylating reagents ［J］. Analytical Biochemistry, 1969, 30: 7-24.

［10］Tang L, Kebarle P. Dependence of ion intensity in electrospray mass spectrometry on the concentration of the analytes in the electrosprayed solution ［J］. Analytical Chemistry, 1993, 65: 3654-3668.

［11］King R, Bonfiglio R, Fermandez-Metzler C, et al. Mechanistic investigation of ionization suppression in electrospray ionization ［J］. Journal of the American Society for Mass Spectrometry, 2000, 11: 942-950.

［12］ Thompson A, Inbarne J V. Field induced ion evaporation from liquid surfaces at atmospheric pressure ［J］. Journal of Chemical Physics, 1979, 71: 4451-4463.

［13］ Qu J, Wang Y, Luo G. Determination of scutellarin in Erigeron breviscapus extract by liquid chromatography-tandem mass spectrometry ［J］. Journal of Chromatography A 2001, 919: 437-441.

［14］ Rahman M M, EL-ATY A, Choi J H, et al. Consequences of the matrix effect on recovery of dinotefuran and its metabolites in green tea during tandem mass spectrometry analysis ［J］. Food Chemistry, 2015, 168: 445-453.

［15］ Kocourek V, Hajslova J, Holadova K, et al. Stability of pesticides in plant extracts used as calibrants in the gas chromatographic analysis of residues ［J］. Journal of Chromatography A, 1998, 800 (2): 297-304.

［16］ Freitas S, Lana F M. Matrix effects observed during pesticides residue analysis in fruits by GC ［J］. Journal of Separation Science, 2009, 32 (21): 3698-3705.

［17］ 谢家树, 葛庆华. LC/MS 测定中生物样品的基质效应问题 ［J］. 药物分析杂志, 2008, 28 (8): 1386-1389.

［18］ Hajslova J, Holadova K, Kocourek V, et al. Matrix-induced effects: a critical point in the gas chromatographic analysis of pesticide residues ［J］. Journal of Chromatography A, 1998, 800 (2): 283-295.

［19］ Poole C F. Matrix-induced response enhancement in pesticide residue analysis by gas chromatography ［J］. Journal of Chromatography A, 2007, 1158 (1): 241-250.

［20］ Kwon H, Lehotay S T, GEIS-ASTEGGIANTE L. Variability of matrix effects in liquid and gas chromatography-mass spectrometry analysis of pesticide residues after QuEChERS sample preparation of different food crops ［J］. Journal of Chromatography A, 2012, 1270: 235-245.

［21］ Saka K, Kudo K, Hayashida M, et al. Relationship between the matrix effect and the physicochemical properties of analytes in gas chromatography ［J］. Analytical Bioanalytical Chemistry, 2013, 405 (30): 9879-9888.

［22］ Botero-Coy A M, Marin J M, Serrano R, et al. Exploring matrix effects in liquid chromatography-tandem mass spectrometry determination of pesticide residues in tropical fruits ［J］. Analytical Bioanalytical Chemistry, 2015, 407 (13): 3667-3681.

［23］ Rahman R R, Choi J H, EL-ATY A, et al. Pepper leaf matrix as a promising analyte protectant prior to the analysis of thermolabile terbufos and its metabolites in pepper using GC-FPD ［J］. Food Chemistry, 2012, 133 (2): 604-610.

［24］ Hajslova J, Zrostlikova J. Matrix effects in (ultra) trace analysis of pesticide residues in food and biotic matrices [J]. Journal of Chromatography A, 2003, 1000 (1): 181-197.

[25] 陈晓水, 边照阳, 杨飞, 等. 对比 3 种不同的 QuEChERS 前处理方式在气相色谱-串联质谱检测分析烟草中上百种农药残留中的应用 [J]. 色谱, 2013, 3 (11): 1116-1128.

[26] Bonfiglio R, King R C, Olah T V, et al. The effects of sample preparation methods on variability of the electrospray ionization response for model drug compounds [J]. Rapid Commun Mass Spectrom, 1999, 13: 1175-1185.

[27] Lagerwerf F M, Dongen V, Steenvoorden R J J M, et al. Exploring the boundaries of bioanalytical quantitative LC-MS-MS [J]. TrAC, Trends Analytical Chemistry, 2000, 19: 418-427.

[28] 黄宝勇. 果蔬中农药多残留的气相色谱-质谱方法与基质效应的研究 [D]. 中国农业大学, 2005.

[29] Mastovska K, Lehotay S T, Anastassiade M. Combination of analyte protectants to overcome matrix effects in routine GC analysis of pesticide residues in food matrixes [J]. Analytical Chemistry, 2005, 77 (24): 8129-8137.

[30] Wylie P. Improved gas chromatographic analysis of organophosphorus pesticides with pulsed splitless injection [J]. Journal of AOAC International, 1996, 79: 571-577.

[31] Schenck F J, Lehotay S T. Does further clean-up reduce the matrix enhancement effect in gas chromatographic analysis of pesticide residues in food? [J]. Journal of Chromatography A, 2000, 868 (1): 51-61.

[32] Ferrer C, Lozano A, Aguera A, et al. Overcoming matrix effects using the dilution approach in multiresidue methods for fruits and vegetables [J]. Journal of Chromatography A, 2011, 1218 (42): 7634-7639.

[33] Yarita T, Aoyagi Y, Otake T. Evaluation of the impact of matrix effect on quantification of pesticides in foods by gas chromatography-mass spectrometry using isotope-labeled internal standards [J]. Journal of Chromatography A, 2015, 1396: 109-116.

[34] Fujiyoshi T, Ikami T, Sato T, et al. Evaluation of the matrix effect on gas chromatography-mass spectrometry with carrier gas containing ethylene glycol as an analyte protectant [J]. Journal of Chromatography A, 2016, 1434: 136-141.

[35] Tsuchiyama T, Katsuhara M, Sugiura J, et al. Combined use of a modifier gas generator, analyte protectants and multiple internal standards for effective and robust compensation of matrix effects in gas chromatographic analysis of pesticides [J]. Journal of Chromatography A, 2019, 1589: 122-133.

[36] Erney D R, Pawlowski T M, Poole C F. Poole. Matrix-induced peak enhancement of pesti-

cides in gas chromatogrtaphy: Is there a solution? [J]. Journal of High Resolution Chromatography, 1997, 20 (7): 375-378.

[37] Vidal J L M, Arrebola F J, Frenich A G, et al. Validation of a Gas Chromatographic-Tandem Mass Spectrometric Method for analysis of pesticide residues in six food commodities. Selection of a reference matrix for calibration [J]. Chromatographia, 2004, 59 (5): 321-327.

[38] Kwon H, Anastassiades M, Dork D, et al. Compensation for matrix effects in GC analysis of pesticides by using cucumber extract [J]. Analytical Bioanalytical Chemistry, 2018, 410 (22): 5481-5489.

[39] Cajka T, Mastovska K, Lehotal S J, et al. Use of automated direct sample introduction with analyte protectants in the GC-MS analysis of pesticide residues [J]. Journal of Separation Science, 2005, 28 (9-10): 1048-1060.

[40] Sanchez-Brunete C, Albero B, Martin G, et al. Determination of pesticide residues by GC-MS using analyte protectants to counteract the matrix effect [J]. Analytical Science, 2005, 21: 1291-1296.

[41] Wang Y, Jin H Y, Ma S C, et al. Determination of 195 pesticide residues in Chinese herbs by gas chromatography-mass spectrometry using analyte protectants [J]. Journal of Chromatography A, 2011, 1218 (2): 334-342.

[42] Li Y, Chn X, Fan C, et al. Compensation for matrix effects in the gas chromatography-mass spectrometry analysis of 186 pesticides in tea matrices using analyte protectants [J]. Journal of Chromatography A, 2012, 1266: 131-142.

[43] Rahman M, Park J H, Choi J H, et al. Analysis of kresoxim-methyl and its thermolabile metabolites in Korean plum: An application of pepper leaf matrix as a protectant for GC amenable metabolites [J]. Journal of Separation Science, 2013, 36 (1): 203-211.

[44] Yudthavorasit S, Meecharoen W, Leepipatpiboon N. New practical approach for using an analyte protectant for priming in routine gas chromatographic analysis [J]. Food Control, 2015, 48: 25-32.

[45] Dolimsn M. Sandwich injection and analyte protectants as a way to decrease the drift due to matrix effect between bracketing calibration in GC-MS/MS: A case study [J]. Talanta, 2021, 225: 121970.

[46] Desmarchelier A, Tessiot S, Bessaire T, et al. Combining the quick, easy, cheap, effective, rugged and safe approach and clean-up by immunoaffinity column for the analysis of 15 mycotoxins by isotope dilution liquid chromatography tandem mass spectrometry [J]. Journal of Chromatography A, 2014, 1337: 75-84.

［47］于彦彬，张嵘，李莉，等．固相萃取液相色谱-串联质谱法测定土壤中 9 种苯氧羧酸类除草剂残留量［J］．分析化学，2014，42（9）：1354-1358.

［48］Badoniene D，Gferer M，Lankmayr E P. Comparative study of turbulent solid-liquid extraction methods for the determination of organochlorine pesticides［J］. Journal of Biochemical AND Biophysical Methods，2004，61（1）：143-153.

［49］Chen S Y，Urban P L. On-line monitoring of Soxhlet extraction by chromatography and mass spectrometry to reveal temporal extract profiles［J］. Analytical Chimica Acta，2015，881：74-81.

［50］Chuang Y H，Zhang Y，Zhang W，et al. Comparison of accelerated solvent extraction and quick，easy，cheap，effective，rugged and safe method for extraction and determination of pharmaceuticals in vegetables［J］. Journal of Chromatography A，2015，1404：1-9.

［51］Kadir H，Abas F，Zakaria O，et al. Analysis of pesticide residues in tea using accelerated solvent extraction with in-cell cleanup and gas chromatography tandem mass spectrometry［J］. Analytical Methods，2013，00：1-3.

［52］Zhou T，Xiao X，Li G. Microwave accelerated selective Soxhlet extraction for the determination of organophosphorus and carbamate pesticides in ginseng with gas chromatography/mass spectrometry［J］. Analytical Chemistry，2012，84（13）：5816-5822.

［53］Bedassa T，Gure N，Megersa N. Modified QuEChERS method for the determination of multiclass pesticide residues in fruit samples utilizing high-performance liquid chromatography［J］. Food Analytical Methods，2015，8（8）：2020-2027.

［54］Prttsvs M H，Fermande J P，Godoy H T，et al. Multiclass pesticide analysis in fruit-based baby food：A comparative study of sample preparation techniques previous to gas chromatography-mass spectrometry［J］. Food Chemistry，2016，212：528-536.

［55］Tian F，Liu X，Wu Y，et al. Simultaneous determination of penflufen and one metabolite in vegetables and cereals using a modified quick，easy，cheap，effective，rugged，and safe method and liquid chromatography coupled to tandem mass spectrometry［J］. Food Chemistry，2016，213：410-416.

［56］Perez J F H，Sejeroe-Olsen B，Alba A，et al. Accurate determination of selected pesticides in soya beans by liquid chromatography coupled to isotope dilution mass spectrometry［J］. Talanta，2015，137：120-129.

［57］Jiao W，Xiao Y，Qian X. Optimized combination of dilution and refined QuEChERS to overcome matrix effects of six types of tea for determination eight neonicotinoid insecticides by ultra performance liquid chromatography-electrospray tandem mass spectrometry［J］. Food Chemistry，2016，210：26-34.

［58］ Castro L D, Priego–CAPOTE F. Soxhlet extraction: Past and present panacea ［J］. Journal of Chromatography A, 2010, 1217 (16): 2383–2389.

［59］ Famiglini G, Capriotti F, Palma P, et al. The rapid measurement of benzodiazepines in a milk–based alcoholic beverage using QuEChERS extraction and GC–MS Analysis ［J］. Journal of Analytical Toxicology, 2015, 39: 306–312.

［60］ Koch D A, Clark K, Tessier D M. Quantification of pyrethroids in environmental samples using NCI–GC–MS with stable isotope analogue standards ［J］. Journal of Agriculture and Food Chemistry, 2013, 61 (10): 2330–2339.

［61］ Zrostlikova J, Hajslova J, Godula M, et al. Performance of programmed temperature vaporizer, pulsed splitless and on–column injection techniques in analysis of pesticide residues in plant matrices ［J］. Journal of Chromatography A, 2001, 937 (1): 73–86.

［62］ Lehotay S J, Lightfield A R, Harman–Fetcho J A, et al. Analysis of pesticide residues in eggs by direct sample introduction/gas chromatography/tandem mass spectrometry ［J］. Journal of Agriculture and Food Chemistry, 2001, 49 (10): 4589–4596.

［63］ Masia A, Vasquez K, Campo J, et al. Assessment of two extraction methods to determine pesticides in soils, sediments and sludges. Application to the Túria River Basin ［J］. Journal of Chromatography A, 2015, 1378: 19–31.

［64］ Zheng H –B, Ding J, Zheng S J, et al. Magnetic "one–step" quick, easy, cheap, effective, rugged and safe method for the fast determination of pesticide residues in freshly squeezed juice ［J］. Journal of Chromatography A, 2015, 1398: 1–10.

［65］ Paya P, Anastassiades M, Mack D, et al. Analysis of pesticide residues using the Quick Easy Cheap Effective Rugged and Safe (QuEChERS) pesticide multiresidue method in combination with gas and liquid chromatography and tandem mass spectrometric detection ［J］. Analytical Bioanalytical Chemistry, 2007, 389 (6): 1697–1714.

［66］ Erney D R, Poole C F. A study of single compound additives to minimize the matrix induced chromatographic response enhancement observed in the gas chromatography of pesticide residues ［J］. Journal High Resolution Chromatography, 1993, 16 (8): 501–503.

［67］ Anastassiades M, Msdtovska K, Lehotay S J. Evaluation of analyte protectants to improve gas chromatographic analysis of pesticides ［J］. Journal of Chromatography A, 2003, 1015 (1): 163–184.

［68］ Kirchner M, Huskova R, Matisova E, et al. Fast gas chromatography for pesticide residues analysis using analyte protectants ［J］. J. Chromatogr. A, 2008, 1186 (1): 271–280.

［69］ Gonzalez–Rodriguez R M, Cancho–Grande B, Simal–Gadara J. Multiresidue determination of 11 new fungicides in grapes and wines by liquid–liquid extraction/clean–up and programmable temperature vaporization injection with analyte protectants/gas chromatography/ion trap mass spectrometry [J]. Journal of Chromatography A, 2009, 1216 (32): 6033-6042.

[70] Rasche C, Fournes B, Dirks U, et al. Multi-residue pesticide analysis (gas chromatography-tandem mass spectrometry detection) -Improvement of the quick, easy, cheap, effective, rugged, and safe method for dried fruits and fat-rich cereals-Benefit and limit of a standardized apple purée calibration (screening) [J]. Journal of Chromatography A, 2015, 1403: 21-31.

[71] Rutkowska E, Lozowicka B, Kaczynski P. Three approaches to minimize matrix effects in residue analysis of multiclass pesticides in dried complex matrices using gas chromatography tandem mass spectrometry [J]. Food Chemistry, 2019, 279: 20-29.

[72] Soliman M, Khorshid M A, Abo-Aly M M. Combination of analyte protectants and sandwich injection to compensate for matrix effect of pesticides residue in GC-MS/MS [J]. Microchemical Journal, 2020, 156: 104852.

[73] Analytical Methods Committee. Uses (proper and improper) of correlation coefficients [J]. Analyst, 1988, 113: 1469-1471.

[74] Youden W J, STEINER E H. Statistical Manual of AOAC [M]. AOAC, Arlington, 1975: 50-55.